RAJKUMAR RAMASAMY

# EFEITO DA EMBALAGEM EM ATMOSFERA MODIFICADA NA QUALIDADE DA CARNE DE PERU

RAJKUMAR RAMASAMY

# EFEITO DA EMBALAGEM EM ATMOSFERA MODIFICADA NA QUALIDADE DA CARNE DE PERU

ScienciaScripts

**Imprint**
Any brand names and product names mentioned in this book are subject to trademark, brand or patent protection and are trademarks or registered trademarks of their respective holders. The use of brand names, product names, common names, trade names, product descriptions etc. even without a particular marking in this work is in no way to be construed to mean that such names may be regarded as unrestricted in respect of trademark and brand protection legislation and could thus be used by anyone.

Cover image: www.ingimage.com

This book is a translation from the original published under ISBN 978-620-8-22400-4.

Publisher:
Sciencia Scripts
is a trademark of
Dodo Books Indian Ocean Ltd. and OmniScriptum S.R.L publishing group

120 High Road, East Finchley, London, N2 9ED, United Kingdom
Str. Armeneasca 28/1, office 1, Chisinau MD-2012, Republic of Moldova, Europe
Printed at: see last page
**ISBN: 978-620-8-29505-9**

## AGRADECIMENTOS

Sinto imensamente que é um grande privilégio para mim reconhecer o encorajamento constante e inspirador para realizar este estudo, a orientação meticulosa e o apoio incansável do **Dr. K. Dushyanthan, Ph.D.**, Presidente do Comité Consultivo e Professor Associado do Departamento de Ciência e Tecnologia da Carne durante todo o período de estudo.

Agradeço profundamente ao **Dr. K. T. Radhakrishnan, Ph.D.**, Antigo Professor e Diretor do Departamento de Ciência e Tecnologia da Carne, Faculdade de Veterinária de Madras, Chennai Estou em dívida para com o **Dr. R. Asha Rajini, Ph.D.**, Antigo Professor, Faculdade de Veterinária de Madras Expresso a minha profunda gratidão ao Antigo **Dr. V. Venkataramanujam, Ph.D.**, Professor, expresso a minha profunda gratidão ao **Dr. V. Appa Rao, Ph.D.**, **Dr. R. Narendra Babu,** Professores do Departamento de Ciência e Tecnologia da Carne, pelo seu apoio, sugestões valiosas, motivação e cooperação na realização do meu estudo.

Com grande sentido de gratidão e de dívida, apresento os meus cumprimentos ao meu pai, **Sr. N. Ramasamy**, à minha mãe, **Sra. A. Chinnammal,** ao meu irmão **Sr. R. Suresh Kumar, B. E.**, cunhada **Sra. P. Latha, M. Sc., B. Ed.**, e **Dr. S. Logeswari** pelo seu amor, afeto, preocupação e constante encorajamento, inspiração e apoio financeiro em todos os meus esforços, sem cuja ajuda este estudo nunca teria visto a luz do mundo.

***Expresso a minha sincera gratidão ao Senhor Todo-Poderoso pela sua bondosa bênção concedida durante todo o período de estudo.***

**R. RAJKUMAR**

# ÍNDICE

# CAPÍTULO - I
# INTRODUÇÃO

As indústrias de transformação de carne e de produtos cárneos na Índia também estão a crescer de forma constante com a rápida urbanização e com uma maior consciência de qualidade por parte dos consumidores. A embalagem é uma parte essencial da transformação e distribuição de alimentos. A embalagem é parte integrante da transformação de alimentos e actua como um elo de ligação entre o transformador e o consumidor. Em todo o mundo, os consumidores estão mais sensibilizados para as embalagens de alimentos, uma vez que estas garantem a qualidade e a quantidade, bem como padrões de higiene mais elevados. Também oferece proteção contra danos químicos e físicos e actua como barreira contra a transferência de oxigénio, humidade, compostos químicos e microrganismos. Estes são prejudiciais para a qualidade da carne. Além disso, apresenta a carne de uma forma mais atractiva para o consumidor. Por conseguinte, um sistema/método de embalagem alimentar adequado é essencial para manter a qualidade e prolongar o prazo de validade sem adicionar conservantes.

O importante avanço na técnica de embalagem para satisfazer as necessidades dos consumidores é a aplicação da embalagem em atmosfera modificada (MAP). Uma atmosfera modificada, como o nome indica, é aquela em que a composição normal do ar é alterada ou modificada dentro de uma embalagem.

Existem duas formas de aplicar o acondicionamento em atmosfera modificada: uma consiste em retirar o ar da embalagem, o que também é designado por acondicionamento em vácuo (VP); a outra consiste em substituir o ar por uma mistura gasosa intencionalmente modificada, o que normalmente se designa por descarga de gás. Através da modificação da composição gasosa dentro da embalagem, podemos impedir ou restringir a reação bioquímica, o crescimento de microrganismos de deterioração e a taxa de respiração do produto, de modo a que o prazo de validade da carne possa ser prolongado.

Nos países em desenvolvimento, o consumo de proteínas per capita é cerca de metade do dos países desenvolvidos. A maior parte da ingestão total de proteínas é de origem vegetal. De acordo com a Organização das Nações Unidas para a Alimentação e a Agricultura (FAO), um terço das necessidades totais de proteínas deve ser satisfeito a partir de fontes de proteínas animais para corrigir as deficiências de aminoácidos das proteínas vegetais/cereais.

Atualmente, no nosso país, é provável que a carne de aves de capoeira e de cabra seja o principal contribuinte de proteínas animais, a seguir às proteínas do leite. Entre as espécies de aves de capoeira, para além da galinha, há um certo número de aves como perus, galinhas d'angola, patos e codornizes, que recebem pouca atenção devido ao seu menor número e custo mais elevado. Entre a produção total de carne de aves de capoeira, a carne de frango contribui com cerca de 70%, seguida pela carne de peru com cerca de 7,5% (FAO, 2001). A produção mundial de carne de peru é de 5,3 milhões de toneladas métricas e nos países asiáticos em desenvolvimento a produção de carne é de 36.756 toneladas métricas (FAO, 2004). O consumo per capita de carne de aves de capoeira na Índia é de 0,7 kg / ano.

O significado especial do peru é o facto de ter um peso corporal mais elevado; a carne é mais saborosa e nutritiva com um teor de proteínas mais elevado (20,42%) e um teor de gordura mais baixo (8,02%) do que a carne de frango. A carne de peru atrai todas as classes de pessoas porque não existem barreiras religiosas e culturais e a procura desta carne aumenta em ocasiões festivas. O aumento da procura de carne de peru fresca e sem conservantes por parte dos consumidores estimulou a introdução de novas técnicas de conservação na indústria da carne.

A informação científica sobre o efeito da MAP na qualidade da carne fresca de peru é escassa. Assim, o presente estudo foi realizado com os seguintes objectivos

1. Avaliar o efeito da MAP no prolongamento do prazo de validade da carne de peru.
2. Estudar o efeito da MAP nas qualidades físico-químicas da carne de peru.
3. Comparar o efeito do MAP com o da embalagem em vácuo e aeróbica da carne de peru.

# CAPÍTULO - II

# REVISÃO DA LITERATURA

## 2.1 EMBALAGEM

Segundo Mills e Urbin (1960), a principal função de uma embalagem de carne é apresentar o produto ao cliente da forma mais atractiva possível e, ao mesmo tempo, proteger o produto contra danos físicos, deterioração microbiana e alterações químicas.

Vermeiren *et al.* (1999) definiram a embalagem ativa como um tipo de embalagem que altera o estado da embalagem para prolongar o prazo de validade ou melhorar a segurança ou as propriedades sensoriais, mantendo a qualidade do alimento. Esta definição de embalagem ativa foi escolhida para o projeto europeu FAIR CT98-4170.

Quintavalla e Vicini (2002) afirmaram que a embalagem ativa é um dos conceitos inovadores de embalagem de alimentos que foram introduzidos como resposta às mudanças contínuas nas actuais exigências dos consumidores e nas tendências do mercado.

### 2.1.1Embalagem a vácuo (V P)

Pierson *et al.* (1970) afirmaram que a qualidade das carnes embaladas sob vácuo foi considerada satisfatória em comparação com a embalagem aeróbica.

Arafa e Chen (1976) referiram que os produtos de frango embalados a vácuo apresentavam as menores perdas de peso, valores de TBA e de peróxido e as melhores pontuações de preferência em comparação com os produtos selados a quente e os embalados em papel.

Hall *et al., (*1980) revelaram que a embalagem em vácuo (VP) desempenhou um papel proeminente na distribuição de carnes frescas, o que prolongou o tempo de armazenamento efetivo das carnes frescas.

Lee *et al.* (1984) opinaram que a embalagem a vácuo tem a vantagem da simplicidade técnica. No entanto, esta vantagem é contrariada pelos danos causados pela compressão (ou seja, perda de forma e aumento do gotejamento) que ocorrem normalmente, em particular com o corte sub primal.

Seideman e Durland (1984) sugeriram que os lactobacilos podem ter um efeito benéfico na carne embalada em vácuo, porque baixam o pH e são antagónicos em relação às bactérias aeróbias do tipo deteriorante.

A embalagem a vácuo envolve a colocação de um produto numa película de baixa permeabilidade ao oxigénio, a remoção do ar da embalagem e a aplicação de um selo hermético (Young *et al.* 1988).

Gill e Jones (1996) concluíram que as atmosferas anóxicas teriam provavelmente de ser utilizadas para a comercialização alargada de carne de bovino embalada.

Pexara *et al.* (2002) defenderam a utilização de vácuo em vez de MAP para filetes de peito de peru fatiados e salsichas piroski de porco.

Nam e Ahn (2003) verificaram que a carne embalada em vácuo era mais resistente à oxidação lipídica do que a carne de peru embalada aerobicamente, independentemente da dose de irradiação.

### 2.1. 2Embalagem com atmosfera modificada (MAP)

O acondicionamento em atmosfera modificada (MAP) consiste em embalar uma peça de carne primitiva, sub-primária ou de retalho num saco impermeável, evacuar o ar e injetar subsequentemente um único gás ou uma mistura de gases, seguido de um fecho do saco com um clipe ou um selo térmico (Seideman e Durland, 1984)

De acordo com Young *et al.* (1988), o MAP consiste em encerrar os produtos alimentares em materiais com elevada barreira gasosa, nos quais o ambiente gasoso foi alterado para abrandar as taxas de respiração, reduzir o crescimento microbiano e retardar a deterioração enzimática, com o objetivo de prolongar o prazo de validade.

Ahvenainen *et al.* (1990) afirmaram que o MAP melhora substancialmente o prazo de validade e, simultaneamente, proporciona proteção contra a compressão e o esmagamento dos produtos, e o gás evita o desenvolvimento de odores estranhos, sabores estranhos e mau aspeto, retardando o crescimento de leveduras e bolores.

Ray *et al.* (1993) referiram que o MAP de frango fresco embalado a granel (95% $CO_2$) aumentou o prazo de validade para 27 dias, em comparação com 15 dias para as embalagens a vácuo. A atmosfera modificada não oferecia nenhuma vantagem real em relação à embalagem a vácuo, para o armazenamento a longo prazo, embora a embalagem em atmosfera modificada seja mais barata e elimine os problemas de fugas.

Church e Parsons (1995) atribuíram que a técnica MAP foi especificamente concebida para ultrapassar alguns dos problemas associados à embalagem em vácuo, nomeadamente para inibir uma gama mais vasta de agentes de deterioração microbiológica e evitar danos por compressão. São geralmente utilizados três gases: oxigénio ($O_2$), azoto ($N_2$) e dióxido de carbono ($CO_2$), cada um dos quais tem uma função específica.

Randell *et al.* (1995), ao estudarem o efeito do MAP em peitos de frango marinados, afirmaram que a utilização do MAP tem aumentado e está a ser aplicada a vários produtos.

Gill e Jones (1996) opinaram que as embalagens expositoras com atmosfera modificada utilizadas comercialmente têm frequentemente um tamanho inferior ao ideal para a conservação da carne e, por conseguinte, conferem apenas uma extensão modesta do tempo de conservação do produto.

Sorheim *et al.* (1999) inferiram que o acondicionamento em atmosfera modificada de carne para venda a retalho se destina a prolongar o prazo de validade microbiológico e a manter uma cor vermelha atractiva do produto. As atmosferas modificadas são normalmente constituídas por $CO_2$ para inibir o crescimento microbiológico, $O_2$ para melhorar a cor e, ocasionalmente, azoto como carga.

Luno *et al.* (2000) concluíram que a embalagem em atmosfera modificada (MAP) é bem conhecida como um método para prolongar o prazo de validade de uma variedade de alimentos, incluindo carne fresca. As atmosferas utilizadas foram uma combinação de $O_2$, $CO_2$ e $N_2$ para manter a qualidade da carne vermelha fresca, tanto do ponto de vista microbiológico como organolético.

Os alimentos embalados em atmosfera modificada estão cada vez mais disponíveis, uma vez que os fabricantes de alimentos tentam satisfazer a procura dos consumidores de alimentos frescos e refrigerados com um prazo de validade mais longo. O princípio da MAP é a substituição do ar na embalagem por uma mistura de gás fixa diferente. Uma vez introduzida a mistura de gás, não é efectuado qualquer controlo adicional da composição do gás e a composição irá inevitavelmente mudar (Silvertsvik *et al.,* 2002).

### 2.1. 3Materiais de embalagem

Ahvenainen (1990) inferiu que a permeabilidade ao oxigénio dos materiais de embalagem tinha um efeito significativamente maior no prazo de validade sensorial, ou seja, na aparência, no odor, na consistência e no sabor dos produtos à base de carne embalados no vácuo do que nos produtos à base de carne embalados a gás.

A película de poliéster (PET) melhorou consideravelmente a resistência à tração, a transparência, a rigidez, a resistência química e as propriedades de barreira para a embalagem de carne (Smith *et al.,* 1991).

Dushyanthan *et al.* (2000b) observaram que as propriedades de barreira do material poliéster/polietileno (PET/Poly) ao vapor de água e ao oxigénio e o ambiente anaeróbio devido à embalagem em vácuo impediam o crescimento de organismos de deterioração.

Silvertsvik *et al.* (2002) opinaram que um material de embalagem de barreira não só era importante para evitar que o $O_2$ de permear para dentro da embalagem com atmosfera modificada durante o armazenamento, mas também para evitar que o $CO_2$ permeasse para fora da embalagem.

### 2.1.4 Espaço da cabeça

Ahvenainen e Lindroth (1986) afirmaram que deve haver um espaço suficiente na embalagem, pelo menos 70-100 $cm^3$ /100 g de carne.

Gill e Penney (1988) obtiveram um melhor prazo de validade microbiológico e sensorial (odor e sabor) para a carne crua mesmo num volume de gás de 20 $cm^3$ /100g de carne do que no vácuo.

Hotchkiss (1989) observou que o tempo de conservação era diretamente proporcional à impermeabilidade da película e ao espaço de cabeça.

Zhao *et al.* (1995) referiram que, no MAP, a relação entre o volume do headspace e o volume da carne era o fator mais importante que influenciava as alterações do $CO_2$ no espaço livre.

Gill (1996) concluiu que, para evitar o colapso da embalagem, era necessário um grande espaço para o volume da carne, com um rácio de 2 a 3.

Narendra Babu *et al.* (2002), Sekar (2003) e Jayanthi (2003) utilizaram o volume do espaço livre da carne para a relação de gás de 1:1 para conservar a carne de búfalo e de cabra, respetivamente.

### 2.1.5 Oxigénio

Daun *et al.* (1971) opinaram que $O_2$ a lavagem para estabelecer uma atmosfera enriquecida $O_2$ enriquecida no interior de uma embalagem semi-rígida com um espaço adequado para a cabeça, permitia prolongar a duração da aceitabilidade da cor da carne.

Taylor e Mac Dougall (1973) referiram que uma concentração inicial de 60% ou mais $O_2$ seria suficiente para manter a cor vermelha da superfície mas, em situações práticas, concentrações mais elevadas $O_2$ dariam melhores resultados, uma vez que parte do $O_2$ será consumida pelos tecidos da carne para produzir $CO_2$.

Seideman e Durland (1983) indicaram que $O_2$ níveis de pressão superiores a 240 mm aumentam e prolongam muito o aspeto fresco da carne, porque há uma grande $O_2$ penetração.

O oxigénio é um componente importante da mistura gasosa e constitui normalmente 65-80% (Young *et al.*, 1988)

Hotchkiss e Galloway (1989) afirmaram que $O_2$ tem duas funções: (1) inibe o crescimento de organismos anaeróbios patogénicos e (2) mantém a oxi-mioglobina das carnes.

Taylor *et al.* (1990) Smith *et al.* (1991) referiram que, com alta $O_2$ pressão, a camada superficial de oxi-mioglobina era mais espessa e a carne parecia mais vermelha.

Sahoo e Anjaneyulu (1995) afirmaram que $O_2$ manteve o pigmento da carne, mioglobina no estado de oximioglobina, responsável pela cor vermelha brilhante; estimulou o crescimento de bactérias aeróbias e inibiu os anaeróbios obrigatórios.

Gatellier *et al.* (2001) afirmaram que a mioglobina se combinava com o oxigénio para formar oximioglobina vermelha brilhante ($MbO_2$), que se pensa indicar frescura e que é considerada atractiva para o consumidor, e que a cor da carne se deve a um equilíbrio entre a oxidação da oximioglobina e a redução da metamioglobina.

### 2.1.6 Dióxido de carbono

Gardner *et al.* (1967) verificaram que o $CO_2$ inibiu o crescimento de *Pseudomonas aeróbias - Acromobacter spp.* e teve um pequeno efeito sobre as *enterobactérias* anaeróbias facultativas - *Hafnia spp* e *M. thermosphactum.*

Ledward (1970) recomendou que o $CO_2$ não deve ser utilizado em concentrações superiores a 20%, para que não ocorra a formação de metamioglobina.

Gill e Newton (1978) referiram que o $CO_2$ podia inibir o crescimento microbiano durante várias semanas em condições óptimas, mesmo em níveis elevados de $O_2$ níveis elevados, prolongando assim o tempo de armazenamento.

Hotchkiss e Galloway (1989) e Sahoo e Anjaneyulu (1995) afirmaram que o $CO_2$ inibiu seletivamente muitos organismos psicrotróficos gram-negativos, tais como *Pseudomonas*, que eram responsáveis pelo odor e sabor desagradáveis e pela deterioração de muitos alimentos refrigerados.

As bactérias do ácido lático, como os *estreptococos* e *os lactobacilos*, foram menos afectadas por níveis elevados de $CO_2$. O nível de $CO_2$ que proporcionou a inibição máxima dos organismos de deterioração comuns foi de 26% de $CO_2$ no ar (Sahoo e Anjaneyulu, 1995).

Silvertsvik *et al.* (2002) afirmaram que o $CO_2$ era altamente solúvel em água e gordura e a solubilidade aumentava muito com a diminuição da temperatura.

### 2.1.7 Mistura de gás

Seideman *et al.* (1980) e Seideman e Durland (1984) observaram que alguns gases produziam resultados benéficos em relação à cor da carne, enquanto outros apenas inibiam a atividade bacteriana. As misturas de dois ou mais gases estavam a ser consideradas para uma possível utilização no armazenamento de carnes para aumentar o prazo de validade da carne fresca.

Uma patente britânica (B. P. 1199, 998, 1970) afirmava que uma mistura gasosa de 80% $O_2$ e 20% de $CO_2$ mantinha a carne de bovino vermelha até 15 dias, enquanto as contagens bacterianas eram mantidas a um nível aceitável (Seideman e Durland, 1984).

Ahvenainen (1990) afirmou que a composição óptima do gás depende muito do produto e deve ser testada quando se começa a embalar um novo produto em gás.

A técnica de embalagem de gás envolvia a embalagem do produto numa película impermeável com a mistura de gás adequada e a selagem a quente da embalagem. Os gases normalmente utilizados na embalagem de gás são $N_2$, $O_2$ e $CO_2$. Uma vez que os gases são os que respiramos, os gases utilizados no MAP não são tóxicos nem perigosos e são recordados como aditivos alimentares (Smith *et al.*, 1991).

Mano *et al.* (2000) afirmaram que as alterações da composição atmosférica durante o armazenamento estavam provavelmente relacionadas com a relação gás/produto, que nem sempre era totalmente indicada. Se este rácio for elevado, não são de esperar alterações importantes e vice-versa.

Narendra Babu *et al* (2002) referiram que a carne de búfalo podia ser armazenada em segurança com elevada aceitabilidade por parte do consumidor até 15 dias na atmosfera modificada de 80 por cento $O_2$ + 20 por cento $CO_2$ em bolsas de várias camadas a 4 $\pm$ 1° C.

## 2.2 QUALIDADE FÍSICO-QUÍMICA

### 2.2.1 Cor

Haas e Bratzler (1965) utilizaram a colorimetria de disco de Munsell e um medidor de diferenças de cor de Gardner para acompanhar as taxas de oxigenação em carne de vaca, porco e borrego.

Van den Oord e Wesdorp (1971) afirmaram que a cor da carne fresca era determinada principalmente pela proporção relativa de três pigmentos da carne: a mioglobina reduzida púrpura (Mb), a oximioglobina vermelha ($MbO_2$) e o castanho com mioglobina (Meth Mb) e a sua distribuição na carne fresca. Em condições normais de comercialização, a mioglobina reduzida na presença de $O_2$ foi completamente transformada em $MbO_2$ em poucas horas.

Fletcher (1989 e 1999), Froning (1995) e Petracci e Fletcher (2002) concluíram que o sexo, a idade, a estirpe, os factores ante mortem, os processos de transformação, a exposição a produtos químicos, a temperatura de cozedura, a irradiação e as condições de congelação afectavam a cor da carne de aves de capoeira.

Manu-Tawiah *et al.* (1991) verificaram que a cor vermelha da superfície pode ser prolongada durante 3-4 dias em peças de carne de bovino embaladas numa atmosfera modificada contendo $O_2$ para o florescimento, $CO_2$ como anti microbiano e $N_2$ como agente de enchimento.

Millar *et al.* (1994) afirmaram que as carnes de porco e de aves de capoeira têm de facto teores mensuráveis de hemoproteínas que conferem uma cor caraterística à carne e influenciam assim a perceção de igualdade por parte do consumidor.

Dushyanthan *et al.* (1997) referiram que a carne de bovino embalada sob vácuo e armazenada até 120 horas a 4°C apresentava o menor valor de cor Munsell. Enquanto que a carne de vaca embalada sob vácuo e armazenada até 96h teve o valor de cor Munsell e o croma mais baixos.

A carne de porco embalada e armazenada até 120 horas à temperatura de refrigeração apresentou o valor de cor Munsell mais baixo; a carne de porco embalada sob vácuo e armazenada até 120 horas registou o valor de cor Munsell mais baixo e o croma de cor Munsell mais baixo foi registado na carne de porco embalada normal armazenada até 72 horas (Dushyanthan *et al.* 2000c).

Dushyanthan *et al.* (2000a) afirmaram que o valor de cor Munsell e o croma foram mais baixos no carneiro acondicionado sob vácuo e armazenado até 120 horas, ao passo que a tonalidade Munsell mais elevada foi registada no carneiro acondicionado sob vácuo e armazenado até 72 horas.

A carne de búfalo acondicionada sob vácuo e armazenada até 120h apresentou o menor valor e matiz de cor Munsell, mas o menor valor de cor-croma Munsell foi observado na carne acondicionada pelo método normal e armazenada até 72h (Dushyanthan *et al.* 2001b).

Insausti *et al.* (2001) revelaram que as amostras de carne MAP tinham valores de luminosidade e matiz mais elevados e valores de vermelhidão e croma mais baixos do que as amostras embaladas em vácuo.

Bianchi e Fletcher (2002) atribuíram que as medições da cor da carne de frango e de peru eram mais influenciadas pela espessura da amostra do que pela cor de fundo.

Fletcher (2002) afirmou que, uma vez que a aparência é tão importante para a seleção do consumidor, os produtos avícolas fazem um grande esforço para produzir produtos com a cor adequada para um determinado mercado e para evitar defeitos de aparência que afectem negativamente a seleção do produto ou o preço.

Narendra Babu *et al.* (2002) opinaram que a cor, o valor e o croma de Munsell da carne de búfalo na análise das variantes revelaram diferenças altamente significativas ($P<0,01$) entre os métodos de embalagem e os períodos de armazenagem. A cor, a tonalidade, o valor e o croma de Munsell das amostras embaladas em atmosfera modificada aumentaram a partir do dia da embalagem até ao quinto dia, diminuindo depois gradualmente até ao décimo quinto dia de armazenagem, ao passo que nas amostras embaladas normalmente diminuíram a partir do dia da embalagem até ao décimo quinto dia de armazenagem. A cor Munsell - matiz, valor e croma das amostras embaladas em atmosfera modificada eram superiores aos das amostras embaladas normalmente. A vermelhidão manteve-se nas amostras embaladas em atmosfera modificada até quinze dias, devido à elevada concentração de oxigénio (80%).

### 2.2.2 pH

Ahn e Meeurer (1990) concluíram que o pH do sistema era um fator muito importante nas reacções de formação de complexos heme da Mb e da hemoglobina, e que a cor dos pigmentos e da carne de peru tinha uma gama de pH de 5,9 a 6,3, pelo que as reacções de formação de complexos heme da Mb e da hemoglobina podiam afetar grandemente a cor da carne.

Riaz-Ahmed *et al.* (1990) concluíram que os valores médios de pH para amostras frescas e armazenadas durante 72 horas eram de 6,16 e 6,06, respetivamente.

A rápida glicólise post-mortem provoca uma rápida descida do pH muscular, resultando numa carne com reduzida capacidade de retenção de água e de extração de proteínas (Offer, 1991)

A carne de bovino embalada em PET/poli e material multicamada e armazenada até 120 horas a 4°C manteve o pH mais baixo. (Dushyanthan *et al.* 1997).

A carne de carneiro (Dushyanthan *et al.* 2000a) e a carne de búfalo (Dushyanthan *et al.* 2001b), embalada sob vácuo, em material multicamadas e armazenada até 120 h, registou o pH mais baixo.

Mano *et al.* (2000) proclamaram que o aumento notável do pH só foi observado em amostras de carne de peru embaladas ao ar, coincidindo com a deterioração dos alimentos.

Narendra Babu *et al.* (2002) opinaram que o pH mais baixo da carne de búfalo embalada em atmosfera modificada era significativamente ($P<0,05$) mais baixo do que o das amostras embaladas normalmente. Também registaram uma diferença altamente significativa ($P<0,01$) no pH entre os períodos de armazenamento, em que o pH desceu do dia da embalagem para o 10º dia de armazenamento e depois aumentou no 15º dia de armazenamento.

Roberson *et al.* (2003) relataram que o pH da carne de peru era em média 6,1 quando tomado 15 minutos postmortem e 5,9, 24h postmortem.

Liu *et al.* (2004) o valor do pH na carne de frango diminuiu gradualmente das 2 às 6 horas e permaneceu constante das 6 às 24 horas post mortem, com uma média de 6,01 durante este período.

## 2.2. 3Capacidade de retenção de água (WHC)

Hamm (1960) analisou os vários métodos de medição da capacidade de retenção de água da carne. O mais utilizado era o método da prensa de papel de filtro, que media o líquido libertado ou a área de humidade produzida num papel de filtro.

Honikel *et al.* (1981) afirmaram que a capacidade de retenção de água da carne fresca era elevada, mas diminuía acentuadamente algumas horas após o abate e depois aumentava lentamente durante o armazenamento.

Riaz-Ahmed *et al.* (1990) concluíram que, como a medida da área era o inverso do WHC, o aumento do WHC do peru armazenado era evidente até 72 horas como uma sequência lógica post-mortem.

Barbut e Mittal (1993) afirmaram que a retenção de água aumentou significativamente com o aumento do pH até 6,5, tanto para a carne do peito como para a carne da coxa de peru.

Northcutt *et al.* (1994) afirmaram que as propriedades funcionais das proteínas musculares dependem em grande parte da sua capacidade de se ligarem e reterem água. A carne fresca da perna de frango tinha mais água retida do que o peito, mas a carne cozinhada da perna tinha menos água retida.

Dushyanthan *et al.* (1997) afirmaram que a carne de bovino embalada em material PET/poliéster, sob vácuo e armazenada a 4°C, apresentava o WHC mais baixo devido à elevada propriedade de barreira do material PET/poliéster e ao ambiente anaeróbio sob vácuo.

Lesiak *et al.* (1997) declararam que a temperatura post mortem alta e baixa (30 e 0°C) e o armazenamento mais longo (168h) produziram a menor capacidade de retenção de água no músculo cru da coxa de peru.

A carne de carneiro embalada a vácuo (Dushyanthan *et al.* 2000a), a carne de porco (Dushyanthan *et al.* 2000c) e a carne de búfalo (Dushyanthan *et al.* 2001b) armazenada até 120 horas à temperatura de refrigeração apresentaram o WHC mais baixo.

Hahn *et al.* (2001) inferiram que a rápida glicólise post-mortem estava associada a uma menor capacidade de ligação à água do músculo do peito de peru.

Fletcher (2002) observou que as propriedades funcionais, como a capacidade de retenção de água, eram críticas para o sucesso da formulação de produtos de carne de aves.

### 2.2.4 Volume de libertação de extrato (ERV)

Pearson (1968) afirmou que o processo de determinação do VRE se baseava na medição do volume de filtrado aquoso libertado de uma pasta de carne num determinado período de tempo. O VRE diminui à medida que a deterioração progride e não se obtém qualquer filtrado com carne putrefacta.

O método ERV é comprovado para a avaliação de rotina da qualidade da carne, uma vez que é mais simples, rápido na execução e aparentemente consistente e o volume diminui durante a deterioração (Pearson 1968).

Narasimha Rao e Sreenivasamoorthy (1986) opinaram que o crescimento microbiano se reflectia em alterações do VRE e do pH. No momento da deterioração, registou-se uma diminuição do VRE e um aumento do pH.

Chakradhar Das *et al.* (1988) afirmaram que se verificou uma influência altamente significativa ($P<0,01$) entre os materiais de embalagem utilizados para acondicionar a carne de bovino kara e entre os períodos de armazenagem, respetivamente; e que o VRE diminuiu de forma constante com o aumento do período de armazenagem.

Riaz-Ahmed *et al.* (1990) concluíram que o VRE da carne fresca de peru variava entre 18 ml e 30 ml; verificou-se uma diminuição significativa ($P<0,01$) do VRE entre a carne de peru fresca e armazenada e o VRE desempenhou um papel importante na avaliação da qualidade e na previsão do prazo de validade da carne de peru.

Jagadeesh Babu *et al.* (1998) observaram que o VRE diminuía com o aumento do tempo de armazenagem e era mais elevado para a carne de carneiro armazenada em tabuleiros de folha de alumínio.

Dushyanthan *et al.* (2000b) confirmaram que a carne de bovino embalada em PET/polietileno e sob vácuo e armazenada a 5±2°C apresentava o VRE mais elevado, devido às propriedades de barreira do material PET/polietileno ao vapor de água e $\boldsymbol{O_2}$ e ao ambiente anaeróbico da embalagem em vácuo, que impediu o crescimento de organismos prejudiciais.

A carne de porco (Dushyanthan *et al.* 2000d) e a carne de carneiro (Dushyanthan *et al.* 2001a) embaladas sob vácuo em bolsas multicamadas e armazenadas até 72 horas apresentaram o VRE mais elevado.

### 2.2.5 Número de ácido tiobarbitúrico (número TBA)

Chakradhar Das *et al.* (1988) afirmaram que havia uma variação altamente significativa ($P<0,01$) entre os materiais de embalagem utilizados para embalar kara beef e entre os períodos de armazenamento, respetivamente; e registaram um aumento gradual do número de TBA com o aumento do período de armazenamento.

Riaz-Ahmed *et al.* (1990) opinaram que se registava um aumento significativo ($P<0,01$) do número de TBA entre a carne de peru fresca e armazenada e que o número de TBA desempenhava um papel importante na avaliação da qualidade e na previsão do prazo de validade da carne de peru.

Os valores de ranço (TBA) aumentaram significativamente à medida que o período de armazenamento aumentou na carne de pato (Prabhakara Reddy., 1990), nas bolas de carne de frango (Regikumar *et al.*, 1993) e na carne de peru (Ray *et al.* 1993).

Sahoo e Verma (1999) declararam que o número de TBARS estava inversamente correlacionado com as pontuações de odor.

Dushyanthan *et al.* (2000b) observaram que a carne de bovino embalada em multicamadas, sob vácuo e armazenada até 96 horas, apresentava o menor número de TBA.

A carne de porco (Dushyanthan *et al.* 2000d) e de carneiro (Dushyanthan *et al.*2001a) embalada em material multicamada, sob vácuo e armazenada até 72 horas à temperatura de refrigeração, apresentou o número mais baixo de TBA.

Nam *et al.* (2001) postularam que após 7 dias de armazenamento a 4°C, o peru e a carne de porco embalados aerobicamente desenvolveram TBARS mais elevados do que os embalados em vácuo e a carne de peru tinha uma proporção mais elevada de ácidos gordos insaturados do que a carne de vaca. A embalagem a vácuo da carne crua foi suficiente para proteger o colesterol e os ácidos gordos da oxidação.

Kim *et al.* (2002) afirmaram que o peru tinha um teor mais baixo de gordura, mas uma maior proporção de ácidos gordos insaturados, pelo que se observou uma maior suscetibilidade a alterações oxidativas. Também referiram que o TBARS aumentava com o aumento do período de armazenamento e que as carnes embaladas em vácuo apresentavam TBARS mais baixos do que as carnes embaladas aerobicamente no sétimo dia ($P<0,05$), o que sugere que foi reconhecida a limitação do acesso do oxigénio à carne durante o armazenamento.

Narendra Babu *et al.* (2002) afirmaram que o número de TBA da carne de búfalo embalada sob MAP foi significativamente maior ($P<0,05$) do que as amostras embaladas normalmente e o número de TBA aumentou nas amostras com o aumento dos períodos de armazenamento.

## 2.2. 6Valor da tirosina (TV)

Strange e Benedict (1978) observaram que os níveis de tirosina eram influenciados pela população bacteriana, bem como pela duração da armazenagem das amostras de carne.

Riaz-Ahmed *et al.* (1990) verificaram um aumento significativo ($P<0,01$) do valor de tirosina entre a carne de peru fresca e armazenada e afirmaram que o valor de tirosina desempenha um papel importante na avaliação da qualidade e na previsão do prazo de validade da carne de peru.

Dushyanthan *et al.* (2000b) registaram o menor teor de TV na carne de bovino embalada em bolsas PET/poly e armazenada até 72h.

A carne de porco (Dushyanthan *et al.* 2000d) e de carneiro (Dushyanthan *et al.* 2001a) embalada sob vácuo, em bolsas multicamadas e armazenada até 72 horas à temperatura de refrigeração, registou o menor TV. Este facto pode ser atribuído ao ambiente anaeróbio criado pelo método de vácuo e às propriedades de barreira dos materiais multicamadas para $O_2$ e ao vapor de água , causando uma menor proteólise.

Narendra Babu *et al.* (2002) opinaram que a TV da carne de búfalo embalada sob método aeróbico e de atmosfera modificada aumentou significativamente ($P<0{,}01$) desde o dia da embalagem até ao $15^{oth}$ dia de armazenamento.

### 2.2.7 Perda por gotejamento

Northcutt *et al.* (1994) calcularam a perda por gotejamento dividindo o peso da perda por gotejamento pelo peso da carne multiplicado por cem. Eles também relataram que as mudanças no pH final da carne têm demonstrado afetar diretamente a quantidade de perda por gotejamento de uma amostra, alterando a repulsão eletrostática entre os filamentos grossos e finos. O calor causou uma maior perda por gotejamento, e a maior parte desta perda na carne do peito de frango (75-80%) e da perna (90-100%) ocorreu no terceiro dia postmortem.

Gill (1996) observou que a perda de água aumentou até um máximo de 2,64% no dia 10 ($P<0{,}05$) e depois manteve-se constante até ao dia 15.

McKee e Sams (1997) afirmaram que o stress térmico aumentou significativamente a perda por gotejamento na carne de peru.

Insausti *et al.* (2001) opinaram que a perda de água era uma preocupação económica porque afectava a perda de peso ao longo da cadeia de distribuição e durante a cozedura e que havia uma correlação positiva entre a perda de água e a avaliação sensorial da deterioração do odor e da cor.

Sekar (2003) concluiu que a perda por gotejamento na carne de búfalo embalada nos métodos aeróbico, vácuo e atmosfera modificada aumentou significativamente ($P<0{,}01$) com o armazenamento a $4\pm1$°C. A análise de variância entre os métodos de embalagem e entre os períodos de armazenamento revelou diferenças significativas ($P<0{,}05$) e altamente significativas ($P<0{,}01$), respetivamente; e a perda por gotejamento na amostra embalada a vácuo foi significativamente ($P<0{,}05$) maior do que as embaladas em aeróbico e sob método de atmosfera modificada.

# CAPÍTULO - III

# MATERIAIS E MÉTODOS

Foi realizado um estudo sobre o efeito da embalagem em atmosfera modificada na qualidade da carne de peru no Department of Meat Science and Technology, Madras Veterinary College, Chennai, durante o período de novembro de 2003 a julho de 2004.

## 3.1PREPARAÇÃO DAS AMOSTRAS DE CARNE

Foram colhidas amostras de carne fresca de doze perus com 16 a 24 semanas de idade, abatidos e preparados na Poultry Research Station, Nandanam, Chennai e utilizados no presente estudo. As amostras foram acondicionadas em sacos de polietileno limpos e estéreis e mantidas numa caixa térmica com cubos de gelo. As amostras foram transportadas para o Department of Meat Science and Technology, Madras Veterinary College, Chennai. Após a remoção da gordura, dos tendões e dos ossos separáveis, cada amostra foi cortada em treze subamostras de cerca de 2,5 cm de espessura, pesando cada uma 100 g.

## 3.2 ACONDICIONAMENTO E ARMAZENAGEM

O acondicionamento foi efectuado em bolsas estéreis de polietileno poliéster (PET /poly) (espessura de 62 mícrones, taxa de transmissão de oxigénio de 140 a 150 cc./m2 / 24 hrs. / atm) em condições aeróbias, de vácuo (utilizando a máquina de embalamento a vácuo de câmara dupla Komet) e de atmosfera modificada (80% $O_2$ e 20% $CO_2$) (Placa 1). Cada método consistiu em 4 subamostras, respetivamente (placa 2).

A restante peça de carne foi utilizada para a análise de amostras frescas efectuada no dia do acondicionamento e foram utilizadas como valores iniciais para todos os outros tratamentos.

As amostras embaladas foram armazenadas a $4 \pm 1^{o}$ C e submetidas a análises no terceiro (placa 3), sétimo, décimo quarto e vigésimo primeiro dia de armazenamento. No MAP, o espaço da cabeça da carne para o rácio do volume de gás foi de 1:1.

Foram estudados os seguintes parâmetros para as amostras frescas, embaladas e armazenadas.

**1. Qualidade físico-química**

a) Cor
b) pH
c) Capacidade de retenção de água (WHC)
d) Volume de libertação de extractos (ERV)
e) Número de ácido tiobarbitúrico (número TBA)
f) Valor da tirosina (TV)
g) Perda por gotejamento

## 3.3 QUALIDADE FÍSICO-QUÍMICA

### 3.3.1Cor do músculo

A cor das amostras foi avaliada e especificada em termos do "sistema de cor Munsell", um sistema baseado nos atributos de perceção da cor, matiz, luminosidade e saturação, seguindo o método normalizado de especificação da cor pelo sistema Munsell (designação ASTM: D 1535-80 e ASTM Designation: D 1729-69, reaprovado em 1974). Foi utilizado um livro de cores Munsell-Glossy, edição de 1976, e uma máscara cinzenta com uma abertura retangular do tamanho de uma ficha do livro Munsell.

#### 3.3.1.1 Iluminação e condições de visualização

As amostras foram colocadas numa folha de papel, de cor cinzenta média a branca, numa mesa perto da janela norte para iluminação, através da luz natural do dia. Não se permitiu que a luz solar direta incidisse sobre a mesa, mas a luz do céu incidiu sobre a mesa. O espécime foi visto ligeiramente afastado da perpendicular. A amostra foi selecionada através da abertura da máscara e a pastilha adequada, que correspondia exatamente à amostra, foi selecionada. Os três atributos perceptivos, nomeadamente a tonalidade, a luminosidade e a saturação, constituem a base das notações de Munsell, que é um sistema de letras ou números, ou ambos, através do qual a cor das amostras de carne é especificada e designada por Munsell hue "H", Munsell value "V" e Munsell Chroma, escrito sob a forma H V/C. A avaliação visual das diferenças de cor da carne foi estudada

### 3.3.2 pH

O pH da carne de peru fresca e embalada foi estimado utilizando um medidor de pH digital (Cyberscan pH 510, Merck). Cinco gramas das amostras de carne fresca e embalada foram homogeneizadas com 45 ml de água destilada e o pH foi registado através da imersão dos eléctrodos de vidro combinados do medidor de pH digital e o pH foi registado

### 3.3.3 Capacidade de retenção de água (WHC)

A capacidade de retenção de água das amostras frescas e armazenadas foi avaliada através da adoção do método de prensa de papel de filtro, tal como descrito por Grau e Hamm (1953).

### 3.3.4 Volume de libertação de extrato (ERV)

O volume de libertação de extrato (VRE) da carne de peru fresca e armazenada foi estimado de acordo com os métodos descritos por Pearson (1967).

### 3.3.5 Extrato de ácido tricloroacético (TCA)

Vinte gramas de amostra foram misturados no misturador do laboratório com 50 ml de ácido tricloroacético (TCA) a 20%, frio, durante 2 minutos. O conteúdo misturado foi lavado com 50 ml de água destilada, misturado e filtrado através de um papel de filtro (Whatman n.º 1, 18,5 cm de diâmetro) e o filtrado foi recolhido numa proveta de 100 ml. O filtrado, denominado extrato de ácido tricloroacético (TCA), foi utilizado para a estimativa do valor de tirosina (TV) e do número de ácido tiobarbitúrico (TBA).

### 3.3.6 Número de ácido tiobarbitúrico (TBA)

O reagente de ácido tiobarbitúrico (TBA) foi preparado de acordo com Pearson (1973) e o número de ácido tiobarbitúrico (TBA) foi medido por um método modificado de Strange *et al.* (1977).

### 3.3.7 Valor da tirosina (TV)

O valor de tirosina foi determinado pelo método modificado de Strange *et al.* (1977).

### 3.3.8 Perda por gotejamento

A quantidade de gotejamento em cada embalagem foi estimada pesando a embalagem de carne antes da abertura e subtraindo o peso da carne mais a embalagem depois de seca. A perda por gotejamento foi expressa em percentagem do peso inicial da amostra de carne (Taylor *et al.* 1990).

## 3.4 ANÁLISE ESTATÍSTICA

Os dados obtidos neste estudo foram analisados estatisticamente de acordo com o método descrito por Snedecor e Cochran (1994).

# CAPÍTULO - IV
# RESULTADOS

Foi efectuado um estudo sobre o efeito da MAP na qualidade da carne de peru. Foram estudados os parâmetros como cor, pH, WHC, ERV, número de TBA, TV, perda por gotejamento, pontuação de odor, TVC e contagem anaeróbica das amostras frescas e embaladas armazenadas em diferentes períodos. A carne de peru foi embalada em atmosfera aeróbica, vácuo e modificada em bolsas PET/Poly e armazenada até 21 dias a $4\pm1°$ C. Os resultados foram analisados estatisticamente e apresentados na tabela 1-6.

## 4.1 QUALIDADES FÍSICO-QUÍMICAS

### 4.1.1 Cor Munsell

#### 4.1.1.1 Tonalidade (vermelhidão)

Os valores médios com o erro padrão e a análise de variância para a coloração Munsell da carne de peru fresca e embalada armazenada durante diferentes períodos a 4 ± 1°C são apresentados nos quadros 1 e 6, respetivamente.

A coloração Munsell média da amostra fresca foi de 11,88 ± 0,93.

A cor - matiz Munsell média das amostras embaladas aerobicamente e armazenadas durante 3, 7, 14 e 21 dias foi de 10,63 ± 0.45, 10.21 ± 0.57, 9.38 ± 0.33, e 8.13 ± 0,63, respetivamente

A cor - matiz Munsell média das amostras embaladas sob vácuo e armazenadas até 3, 7, 14 e 21 dias foi de 10,21 ± 0.48, 8.54 ± 0.72, 8.33 ± 0,58 e 8,13 ± 0,63, respetivamente.

A cor - matiz Munsell média das amostras embaladas em atmosfera modificada e armazenadas durante 3, 7, 14 e 21 dias foi de 12,71 ± 1.04, 11.04 ±0.78, 10.63 ± 1.24, e 8.75 ± 0,84, respetivamente.

A média geral da cor - matiz Munsell da carne de peru embalada em atmosfera aeróbica, vácuo e modificada foi de 10,04 ± 0.58, 9.42 ± 0,66, e 11,0 ±0,97, respetivamente. A análise de variância revelou uma diferença altamente significativa (Π< 0.01) entre os métodos de embalagem.

A coloração Munsell média global da carne de peru armazenada durante 3, 7, 14 e 21 dias foi de 11,18 ± 0.66, 9.93 ± 0.69, 9.44 ± 0,71 e 8,33 ± 0,70, respetivamente. A análise de variância revelou uma diferença altamente significativa (P□0.01) entre os períodos de armazenamento.

Não foram observadas diferenças significativas (P□0.05) entre a interação dos métodos de embalagem e os períodos de armazenamento.

#### 4.1.1.2 Valor (claridade e escuridão)

Os valores médios com o erro padrão e a análise de variância para o valor de cor Munsell da carne de peru fresca e embalada armazenada durante diferentes períodos a 4 ± 1°C são apresentados nos quadros 1 e 6, respetivamente.

O valor médio da cor Munsell da amostra fresca foi de 3,50 ± 0,26.

O valor médio da cor de Munsell das amostras embaladas aerobicamente e armazenadas durante 3, 7, 14 e 21 dias foi de 4,33 ± 0,19, 4,00 ± 0,17, 3,50 ± 0,29 e 3,00 ± 0,21, respetivamente.

O valor médio da cor Munsell das amostras embaladas sob vácuo e armazenadas durante 3, 7, 14 e 21 dias foi de 3,33 ± 0,19, 3,17 ± 0,32, 3,00 ± 0,25 e 2,83 ± 0,17, respetivamente.

O valor médio da cor Munsell das amostras embaladas em atmosfera modificada e armazenadas durante 3, 7, 14 e 21 dias foi de 4,67 ± 0,22, 4,92 ± 0,26, 4,58 ± 0,19 e 4,00 ± 0,33, respetivamente.

O valor médio global da cor Munsell da carne de peru embalada em atmosfera aeróbica, vácuo e modificada foi de 3,67 ± 0,23, 3,17 ± 0,24 e 4,33 ± 0,25, respetivamente. A análise de variância revelou uma diferença altamente significativa ($P<0,01$) entre os métodos de embalagem.

O valor médio global da cor Munsell da carne de peru armazenada durante 3, 7, 14 e 21 dias foi de 4,11 ± 0,20, 4,03 ± 0,25, 3,69 ± 0,24 e 3,28 ± 0,24, respetivamente. A análise de variância revelou uma diferença altamente significativa ($P<0,01$) entre os períodos de armazenamento.

A interação entre os métodos de embalagem e os períodos de armazenamento registou uma diferença significativa ($P<0,05$).

#### 4.1.1.3 Croma (intensidade da cor)

Os valores médios com o erro padrão e a análise de variância para a cor - croma Munsell da carne de peru fresca e embalada armazenada durante diferentes períodos a 4 ± 1°C são apresentados nos quadros 1 e 6, respetivamente.

A cor - croma Munsell média da amostra fresca foi de 5,50 ± 0,44.

O croma médio de Munsell das amostras embaladas aerobicamente e armazenadas durante 3, 7, 14 e 21 dias foi, respetivamente, 5,42 ± 0,26, 5,17 ± 0,30, 5,00 ± 0,30 e 4,75 ± 0,28.

O croma médio da cor Munsell das amostras embaladas sob vácuo e armazenadas durante 3, 7, 14 e 21 dias foi de 5,33 ± 0,28, 5,00 ± 0,30, 4,58 ± 0,26 e 4,50 ± 0,26, respetivamente.

O croma de cor Munsell médio das amostras embaladas em atmosfera modificada e armazenadas durante 3, 7, 14 e 21 dias foi de 6,83 ± 0,46, 6,83 ± 0,30, 6,00 ± 0,12 e 5,42 ± 0,26, respetivamente.

A média geral do croma de Munsell da carne de peru embalada em atmosfera aeróbica, vácuo e atmosfera modificada foi de 5,17 ± 0,31, 4,98 ± 0,31 e 6,12 ± 0,31, respetivamente. Verificou-se uma diferença muito significativa (П< 0.01) entre os métodos de acondicionamento.

A média geral do croma de Munsell da carne de peru armazenada durante 3, 7, 14 e 21 dias foi, respetivamente, de 5,86 ± 0,33, 5,67 ± 0,30, 5,19 ± 0,23 e 4,89 ± 0,27. A análise de variância indicou uma diferença altamente significativa (P□0.01) entre os períodos de armazenamento.

A interação entre os métodos de acondicionamento e os períodos de armazenagem não revelou diferenças significativas (P>0,05).

### 4.1.2 pH

Os valores médios com erro padrão e análise de variância para o pH da carne de peru fresca e embalada armazenada durante diferentes períodos a 4 ± 1°C são apresentados nos quadros 2 e 6, respetivamente.

O pH médio da amostra fresca foi de 5,94 ± 0,04

O pH médio das amostras embaladas aerobicamente e armazenadas durante 3, 7, 14 e 21 dias foi de 5,75 ± 0,07, 5,81 ± 0,07, 5,83 ± 0,05 e 6,01 ± 0,10, respetivamente.

O pH médio das amostras embaladas sob vácuo e armazenadas durante 3, 7, 14 e 21 dias foi, respetivamente, 5,71 ± 0,08, 5,76 ± 0,06, 5,78 ± 0,07 e 5,91 ± 0,13.

O pH médio das amostras embaladas em atmosfera modificada e armazenadas durante 3, 7, 14 e 21 dias foi, respetivamente, 5,76 ± 0,06, 5,81 ± 0,13, 5,82 ± 0,06 e 5,94 ± 0,10.

O pH médio global da carne de peru embalada em atmosfera aeróbica, vácuo e modificada foi de 5,87 ± 0,06, 5,82 ± 0,07 e 5,85 ± 0,08, respetivamente. A análise de variância registou uma diferença não significativa (P□0.05) entre os métodos de embalagem.

O pH médio global da carne de peru armazenada durante 3, 7, 14 e 21 dias foi de 5,74 ± 0,07, 5,79 ± 0,09, 5,81 ± 0,06 e 5,95 ± 0,11, respetivamente. A análise de variância revelou uma diferença altamente significativa (P□0.01) entre os períodos de armazenamento.

Não foram observadas diferenças significativas (P□0.05) entre a interação dos métodos de acondicionamento e os períodos de armazenagem.

### 4.1.3 Capacidade de retenção de água (WHC)

Os valores médios com erro padrão e análise de variância para WHC de carne de peru fresca e embalada armazenada durante diferentes períodos a 4 ± 1°C são apresentados nos quadros 2 e 6, respetivamente.

O WHC médio da amostra fresca foi de 77,04 ± 3,45.

O WHC médio das amostras embaladas aerobicamente e armazenadas durante 3, 7, 14 e 21 dias foi de 63,79 ± 3,24, 61,76 ± 3,60, 60,53 ± 3,47 e 53,59 ± 0,68, respetivamente.

O WHC médio das amostras embaladas sob vácuo e armazenadas durante 3, 7, 14 e 21 dias foi de 63,08 ± 2,59, 55,57 ± 3,40, 59,01 ± 1,77 e 52,81 ± 1,00, respetivamente.

O WHC médio das amostras embaladas em atmosfera modificada e armazenadas durante 3, 7, 14 e 21 dias foi, respetivamente, 77,17 ± 2,81, 74,79 ± 1,90, 74,72 ± 2,13 e 59,32 ± 2,58.

A média geral do WHC da carne de peru embalada em atmosfera aeróbica, vácuo e modificada foi de 63,34 ± 2,89, 61,50 ± 2,44 e 72,61 ± 2,57, respetivamente. A diferença entre os métodos de embalagem na análise de variância foi altamente significativa (P<0,01).

A média geral do WHC da carne de peru armazenada até 3, 7, 14 e 21 dias foi de 68,01 ± 2,88, 64,04 ± 2,96, 64,75 ± 2,45 e 55,24 ± 1,42, respetivamente. A análise de variância revelou uma diferença altamente significativa (P□0.01) entre os períodos de armazenamento.

Foi indicada uma diferença significativa (P□0.05) entre a interação dos métodos de embalagem e os períodos de armazenamento.

**4.1.4 Volume de libertação de extrato (ERV)**

Os valores médios com o erro padrão e a análise de variância para o VRE da carne de peru fresca e embalada armazenada durante diferentes períodos a 4 ± 1°C são apresentados nos quadros 2 e 6, respetivamente.

O VRE médio da amostra fresca foi de 29,71 ± 0,96.

O VRE médio das amostras embaladas aerobicamente e armazenadas durante 3, 7, 14 e 21 dias foi, respetivamente, 25,08 ± 0,91, 22,33 ± 0,96, 20,17 ± 1,22 e 16,96 ± 0,64.

O VRE médio das amostras embaladas sob vácuo e armazenadas durante 3, 7, 14 e 21 dias foi, respetivamente, 25,46 ± 1,10, 24,63 ± 0,81, 24,50 ± 0,97 e 21,75 ± 0,86.

O VRE médio das amostras embaladas em atmosfera modificada e armazenadas durante 3, 7, 14 e 21 dias foi, respetivamente, 26,08 ± 1,14, 24,63 ± 0,77, 23,13 ± 1,07 e 21,25 ± 2,11.

O VRE médio global da carne de peru embalada em atmosfera aeróbica, vácuo e modificada foi de 22,85 ± 0,94, 25,21 ± 0,94 e 24,96 ± 1,21, respetivamente. A análise de variância revelou uma diferença altamente significativa (P□0.01) entre os métodos de acondicionamento.

O VRE médio global da carne de peru armazenada durante 3, 7, 14 e 21 dias foi, respetivamente, 25,54 ± 1,05, 23,86 ± 0,85, 22,60 ± 1,09 e 19,99 ± 1,20. A análise de variância revelou uma diferença altamente significativa (P□0.01) entre os períodos de armazenamento.

Não foram observadas diferenças significativas (P□0.05) entre a interação dos métodos de embalagem e os períodos de armazenamento.

### 4.1.5 Número de ácido tiobarbitúrico (TBA)

Os valores médios com o erro padrão e a análise de variância para o número de TBA da carne de peru fresca e embalada armazenada durante diferentes períodos a 4 ± 1°C são apresentados nos quadros 3 e 6, respetivamente.

O número médio de TBA da amostra fresca foi de 0,03 ± 0,01

O número médio de TBA das amostras embaladas aerobicamente e armazenadas durante 3, 7, 14 e 21 dias foi, respetivamente, 0,08 ± 0,02, 0,23 ± 0,05, 0,29 ± 0,05 e 0,31 ± 0,02.

O número médio de TBA das amostras embaladas sob vácuo e armazenadas durante 3, 7, 14 e 21 dias foi, respetivamente, 0,15 ± 0,08, 0,14 ± 0,03, 0,15 ± 0,03 e 0,20 ± 0,02.

O número médio de TBA das amostras embaladas em atmosfera modificada e armazenadas durante 3, 7, 14 e 21 dias foi, respetivamente, 0,28 ± 0,06, 0,35 ± 0,04, 0,44 ± 0,06 e 0,53 ± 0,05.

O número médio global de TBA da carne de peru embalada em atmosfera aeróbica, vácuo e modificada foi, respetivamente, 0,19 ± 0,03, 0,13 ± 0,03 e 0,33 ± 0,04. A análise de variância revelou uma diferença muito significativa ($P<0,01$) entre os métodos de acondicionamento.

O número médio global de TBA da carne de peru armazenada durante 3, 7, 14 e 21 dias foi, respetivamente, 0,17 ± 0,05, 0,24 ± 0,04, 0,31 ± 0,05 e 0,33 ± 0,04. A análise de variância distinguiu uma diferença altamente significativa ($P<0,01$) entre os períodos de armazenamento.

Verificou-se uma diferença altamente significativa ($P<0,01$) entre a interação dos métodos de embalagem e os períodos de armazenamento.

### 4.1.6 Valor da tirosina

Os valores médios com o erro padrão e a análise de variância para o valor de tirosina da carne de peru fresca e embalada armazenada durante diferentes períodos a 4 ± 1°C são apresentados nos quadros 3 e 6, respetivamente.

O valor médio de tirosina da amostra fresca foi de 5,88 ± 0,09.

O valor médio de tirosina das amostras embaladas aerobicamente e armazenadas durante 3, 7, 14 e 21 dias foi, respetivamente, 7,59 ± 0,93, 8,26 ± 1,35, 8,42 ± 0,37 e 8,66 ± 0,92.

O valor médio de tirosina das amostras embaladas sob vácuo e armazenadas durante 3, 7, 14 e 21 dias foi, respetivamente, 6,75 ± 0,53, 7,03 ± 1,17, 7,21 ± 1,04 e 7,42 ± 0,63.

O valor médio de tirosina das amostras embaladas em atmosfera modificada e armazenadas durante 3, 7, 14 e 21 dias foi de 6,19 ± 0,75, 6,26 ± 0,47, 6,43 ± 1,00 e 7,43 ± 0,94, respetivamente.

O valor médio global de tirosina da carne de peru embalada em atmosfera aeróbica, vácuo e modificada foi de 7,76 ± 0,73, 6,86 ± 0,69 e 6,44 ± 0,65, respetivamente. A análise de variância revelou uma diferença significativa ($P<0,05$) entre os métodos de acondicionamento.

O valor médio global de tirosina da carne de peru armazenada durante 3, 7, 14 e 21 dias foi de 6,84 ± 0,74, 7,48 ± 1,00, 7,35 ± 0,80 e 7,83 ± 0,83, respetivamente. Foi registada uma diferença significativa (P<0,05) entre os períodos de armazenamento.

Não se verificou qualquer diferença significativa (P□0.05) entre a interação dos métodos de embalagem e os períodos de armazenamento.

### 4.1.7 Perda por gotejamento (%)

Os valores médios com erro padrão e análise de variância para perda por gotejamento de carne de peru fresca e embalada armazenada por diferentes períodos a 4 ± 1°C são apresentados na Tabela 4 e 6 respetivamente.

A perda média por gotejamento da amostra fresca foi de 0,00 ± 0,00.

A perda média por gotejamento das amostras embaladas aerobicamente e armazenadas durante 3, 7, 14 e 21 dias foi de 1,62 ± 0,27, 2,96 ± 0,33, 3,26 ± 0,49 e 3,93 ± 0,39 %, respetivamente.

A perda média por gotejamento das amostras embaladas sob vácuo e armazenadas por 3, 7, 14 e 21 dias foi de 1,40 ± 0,05, 2,78 ± 0,29, 4,13 ± 0,73 e 4,43 ± 0,65%, respetivamente.

A perda média por gotejamento das amostras embaladas em atmosfera modificada e armazenadas por 3, 7, 14 e 21 dias foi de 1,03 ± 0,13, 2,43 ± 0,20, 2,71 ± 0,26 e 3,24 ± 0,26 %, respetivamente.

A média geral de perda por gotejamento da carne de peru embalada sob aeróbica, vácuo e atmosfera modificada foi de 2,35 ± 0,29, 2,55 ± 0,34 e 1,88 ± 0,17%, respetivamente. A análise de variância marcou uma diferença altamente significativa (P<0,01) entre os métodos de embalagem.

A média geral de perda por gotejamento da carne de peru armazenada por 3, 7, 14 e 21 dias foi de 1,35 ± 0,15, 2,72 ± 0,27, 3,37 ± 0,49 e 3,87 ± 0,43 %, respetivamente. Foi observada uma diferença altamente significativa (P<0,01) entre os períodos de armazenamento.

Não foram detectadas diferenças significativas (P>0.05) entre a interação dos métodos de acondicionamento e os períodos de armazenagem.

## Quadro -1

**Média (± SE) da cor Munsell Hue, Value e Chroma da carne de peru fresca e embalada armazenada a 4 ± 1°C**

| Métodos de acondicionamento | Períodos de armazenamento (dias) | | | | | Média global (agrupada por dias) |
|---|---|---|---|---|---|---|
| | 0 | 3 | 7 | 14 | 21 | |
| | | | AZUL | | | |
| Aeróbico | 11.88 ±0.93 | 10.63 ±0.45 | 10.21 ±0.57 | 9.38 ±0.33 | 8.13 ±0.63 | **$10.04^{pq}$ ±0.58** |
| Vácuo | 11.88 ±0.93 | 10.21 ±0.48 | 8.54 ±0.72 | 8.33 ±0.58 | 8.13 ±0.63 | **$9.42^{p}$ ±0.66** |
| Atmosfera modificada | 11.88 ±0.93 | 12.71 ±1.04 | 11.04 ±0.78 | 10.63 ±1.24 | 8.75 ±0.84 | **$11.00^{q}$ ±0.97** |
| **Média global (agrupada por métodos)** | **$11.88^{C}$ ±0.93** | **$11.18^{BC}$ ±0.66** | **$9.93^{AB}$ ±0.69** | **$9.44^{A}$ ±0.71** | **$8.33^{A}$ ±0.70** | |
| | | | VALOR | | | |
| Aeróbico | $3.50^{ab}$ ±0.25 | $4.33^{cd}$ ±0.19 | $4.00^{bc}$ ±0.17 | $3.50^{ab}$ ±0.29 | $3.00^{a}$ ±0.21 | **$3.67^{q}$ ±0.23** |
| Vácuo | $3.50^{ab}$ ±0.26 | $3.33^{ab}$ ±0.19 | $3.17^{a}$ ±0.32 | $3.00^{a}$ ±0.25 | $2.83^{a}$ ±0.17 | **$3.17^{P}$ ±0.24** |
| Atmosfera modificada | $3.50^{ab}$ ±0.26 | $4.67^{cd}$ ±0.22 | $4.92^{d}$ ±0.26 | $4.58^{cd}$ ±0.19 | $4.00^{bc}$ ±0.33 | **$4.33^{r}$ ±0.25** |
| **Média global (agrupada por métodos)** | **$3.50^{A}$ ±0.26** | **$4.11^{B}$ ±0.20** | **$4.03^{B}$ ±0.25** | **$3.69^{AB}$ ±0.24** | **$3.28^{A}$ ±0.24** | |
| | | | CHROMA | | | |
| Aeróbico | 5.50 ±0.44 | 5.42 ±0.26 | 5.17 ±0.30 | 5.00 ±0.30 | 4.75 ±0.28 | **$5.17^{p}$ ±0.31** |
| Vácuo | 5.50 ±0.44 | 5.33 ±0.28 | 5.00 ±0.30 | 4.58 ±0.26 | 4.50 ±0.26 | **$4.98^{p}$ ±0.31** |
| Atmosfera modificada | 5.50 ±0.44 | 6.83 ±0.46 | 6.83 ±0.30 | 6.00 ±0.12 | 5.42 ±0.26 | **$6.12^{q}$ ±0.31** |
| **Média global (agrupada por métodos)** | **$5.50^{AB}$ ±0.44** | **$5.86^{B}$ ±0.33** | **$5.67^{B}$ ± 0.30** | **$5.19^{AB}$ ±0.23** | **$4.89^{A}$ ±0.27** | |

As médias globais com sobrescritos entre linhas (p, q, r) e entre colunas (A, B, C, D) diferem significativamente (P<0..05 ou P<0.01). As médias de interação com diferentes sobrescritos (a, b, c, d, e, f, g, h) diferem significativamente (P<0,01).

**Tabela -2**

**Média (± SE) do pH, capacidade de retenção de água, volume de libertação de extrato de carne de peru fresca e embalada armazenada a 4 ± 1°C**

| Métodos de acondicionamento | Períodos de armazenamento (dias) | | | | | Média global (agrupada por dias) |
|---|---|---|---|---|---|---|
| | 0 | 3 | 7 | 14 | 21 | |
| | | | pH | | | |
| Aeróbico | 5.94 ±0.04 | 5.75 ±0.07 | 5.81 ±0.07 | 5.83 ±0.05 | 6.01 ±0.10 | **5.87 ±0.06** |
| Vácuo | 5.94 ±0.04 | 5.71 ±0.08 | 5.76 ±0.06 | 5.78 ±0.07 | 5.91 ±0.13 | **5.82 ±0.07** |
| Atmosfera modificada | 5.94 ±0.04 | 5.76 ±0.06 | 5.81 ±0.13 | 5.82 ±0.06 | 5.94 ±0.10 | **5.85 ±0.08** |
| **Média global (agrupada por métodos)** | **$5.94^{B}$ ±0.04** | **$5.74^{A}$ ±0.07** | **$5.79^{AB}$ ±0.09** | **$5.81^{AB}$ ±0.06** | **$5.95^{B}$ ±0.11** | 5.85 ±0.07 |
| | | | WHC | | | |
| Aeróbico | $77.04^{d}$ ±3.45 | $63.79^{c}$ ±3.24 | $61.76^{ab}$ ±3.60 | $60.53^{abc}$ ±3.47 | $53.59^{c}$ ±0.68 | **$63.34^{p}$ ±2.89** |
| Vácuo | $77.04^{d}$ ±3.45 | $63.08^{bc}$ ±2.59 | $55.57^{ab}$ ±3.40 | $59.01^{abc}$ ±1.77 | $52.81^{a}$ ±1.00 | **$61.50^{p}$ ±2.44** |
| Atmosfera modificada | $77.04^{d}$ ±3.45 | $77.17^{d}$ ±2.81 | $74.79^{d}$ ±1.90 | $74.72^{d}$ ±2.13 | $59.32^{abc}$ ±2.58 | **$72.61^{q}$ ±2.57** |
| **Média global (agrupada por métodos)** | **$77.04^{C}$ ±3.45** | **$68.01^{B}$ ±2.88** | **$64.04^{B}$ ±2.96** | **$64.75^{B}$ ±2.46** | **$55.24^{A}$ ±1.42** | |
| | | | ERV | | | |
| Aeróbico | 29.71 ±0.96 | 25.08 ±0.91 | 22.33 ±0.96 | 20.17 ±1.22 | 16.96 ±0.64 | **$22.85^{P}$ ±0.94** |
| Vácuo | 29.71 ±0.96 | 25.46 ±1.11 | 24.63 ±0.81 | 24.50 ±0.97 | 21.75 ±0.86 | **$25.21^{q}$ ±0.94** |
| Atmosfera modificada | 29.71 ±0.96 | 26.08 ±1.14 | 24.63 ±0.77 | 23.13 ±1.07 | 21.25 ±2.11 | **$24.96^{q}$ ±1.21** |
| **Média global (agrupada por métodos)** | **$29.71^{D}$ ±0.96** | **$25.54^{C}$ ±1.05** | **$23.86^{BC}$ ±0.85** | **$22.60^{B}$ ±1.09** | **$19.99^{A}$ ±1.20** | |

As médias globais com sobrescritos entre linhas (p, q, r) e entre colunas (A, B, C, D) diferem significativamente (P<0..05 ou P<0.01). As médias de interação com diferentes sobrescritos (a, b, c, d, e, f, g, h) diferem significativamente (P<0,01).

## Quadro - 3

**Média (± SE) do valor do ácido tiobarbitúrico e da tirosina da carne de peru fresca e embalada armazenada a 4 ± 1°C**

| Métodos de acondicionamento | Períodos de armazenamento (dias) | | | | | Média global (agrupada por dias) |
|---|---|---|---|---|---|---|
| | 0 | 3 | 7 | 14 | 21 | |
| **TBA** | | | | | | |
| Aeróbico | 0.03$^{a}$ ±0.01 | 0.08$^{ab}$ ±0.02 | 0.23$^{bcd}$ ±0.05 | 0.29$^{cde}$ ±0.05 | 0.31$^{de}$ ±0.02 | **0.19$^{P}$ ±0.03** |
| Vácuo | 0.03$^{a}$ ±0.01 | 0.15$^{abc}$ ±0.08 | 0.14$^{abc}$ ±0.03 | 0.15$^{abc}$ ±0.03 | 0.20$^{bcd}$ ±0.02 | **0.13$^{P}$ ±0.03** |
| Atmosfera modificada | 0.03$^{a}$ ±0.01 | 0.28$^{cd}$ ±0.06 | 0.35$^{de}$ ±0.04 | 0.44$^{ef}$ ±0.06 | 0.53$^{f}$ ±0.05 | **0.33$^{q}$ ±0.04** |
| **Média global (agrupada por métodos)** | **0.03$^{A}$ ±0.01** | **0.17$^{B}$ ±0.05** | **0.24$^{BC}$ ±0.04** | **0.31$^{C}$ ±0.05** | **0.33$^{C}$ ±0.04** | |
| **TV** | | | | | | |
| Aeróbico | 5.88 ±0.09 | 7.59 ±0.93 | 8.26 ±1.35 | 8.42 ±0.37 | 8.66 ±0.92 | **7.76$^{q}$ ±0.73** |
| Vácuo | 5.88 ±0.09 | 6.75 ±0.53 | 7.03 ±1.17 | 7.21 ±1.03 | 7.42 ±0.63 | **6.86$^{pq}$ ±0.69** |
| Atmosfera modificada | 5.88 ±0.09 | 6.19 ±0.75 | 6.26 ±0.47 | 6.43 ±1.00 | 7.43 ±0.94 | **6.44$^{p}$ ±0.65** |
| **Média global (agrupada por métodos)** | **5.88$^{A}$ ±0.09** | **6.84$^{AB}$ ±0.74** | **7.48$^{B}$ ±1.00** | **7.35$^{B}$ ±0.80** | **7.83$^{B}$ ±0.83** | |

As médias globais com sobrescritos entre linhas (p, q, r) e entre colunas (A, B, C, D) diferem significativamente (P<0,05 ou P<0,01). As médias de interação com diferentes sobrescritos (a, b, c, d, e, f, g, h) diferem significativamente (P<0,01).

Tabela -4

**Média (± SE) da perda por gotejamento e da pontuação de odor da carne de peru fresca e embalada armazenada a 4 ± 1°C**

| **Métodos de acondicionamento** | **Períodos de armazenamento (dias)** | | | | | **Média global (agrupada por dias)** |
|---|---|---|---|---|---|---|
| | **0** | **3** | **7** | **14** | **21** | |
| **DRIPLOSS (%)** | | | | | | |
| Aeróbico | 0.00 ±0.00 | 1.62 ±0.27 | 2.96 ±0.33 | 3.26 ±0.49 | 3.93 ±0.39 | **$2.35^{pq}$ ±0.29** |
| Vácuo | 0.00 ±0.00 | 1.40 ±0.05 | 2.78 ±0.29 | 4.13 ±0.73 | 4.43 ±0.65 | **$2.55^{q}$ ±0.34** |
| Atmosfera modificada | 0.00 ±0.00 | 1.03 ±0.13 | 2.43 ±0.20 | 2.71 ±0.26 | 3.24 ±0.26 | **$1.88^{p}$ ±0.17** |
| **Média global (agrupada por métodos)** | **$0.00^{A}$ ±0.00** | **$1.35^{B}$ ±0.15** | **$2.72^{CD}$ ±0.27** | **$3.37^{DE}$ ±0.49** | **$3.87^{E}$ ±0.43** | |

As médias globais com sobrescritos entre linhas (p, q, r) e entre colunas (A, B, C, D) diferem significativamente (P<0,05 ou P<0,01). As médias de interação com diferentes sobrescritos (a, b, c, d, e, f, g, h) diferem significativamente (P<0,01).

Tabela -5

**Análise de variância da tonalidade, valor, croma, pH, capacidade de retenção de água, volume de libertação do extrato, número de ácido tiobarbitúrico, valor de tirosina e odor da carne de peru fresca e embalada armazenada a 4 ± 1°C**

| Fonte de variação | df | Quadrados médios | | | | | | | | | | | |
|---|---|---|---|---|---|---|---|---|---|---|---|---|---|
| | | Matiz | Valor | Croma | pH | WHC | ERV | TBA Não | TV | Perda por gotejamento | Pontuação do odor | TVC | Contagem de anaeróbios |
| Entre métodos de embalagem | 2 | 38.15** | 20.55** | 22.21** | 0.04$^{NS}$ | 2125.9** | 100.69** | 0.59** | 27.48* | 7.02** | 9.04** | 0.60$^{NS}$ | 1.48* |
| Entre períodos de armazenamento | 4 | 70.95** | 4.43** | 5.35** | 0.32** | 2223.04** | 472.37** | 0.53** | 19.15* | 89.64** | 41.15** | 11.61** | 10.20** |
| Entre métodos de acondicionamento X períodos de armazenamento. | 8 | 5.04$^{NS}$ | 1.76* | 1.93$^{NS}$ | 0.01$^{NS}$ | 209.52* | 16.37$^{NS}$ | 0.06** | 2.22$^{NS}$ | 1.34$^{NS}$ | 0.83** | 0.32$^{NS}$ | 0.35$^{NS}$ |
| Erro | | 7.21 | 0.71 | 1.26 | 0.07 | 93.41 | 13.98 | 0.02 | 7.59 | 1.44 | 0.16 | 0.31 | 0.47 |

* Significativo ($\Pi < 0,05$) ** Altamente significativo ($\Pi < 0,01$) NS Não significativo

# CAPÍTULO - V

# DISCUSSÃO

Foi estudado o efeito do MAP nas qualidades físico-químicas, sensoriais e microbianas de 12 amostras de carne de peru embaladas em bolsas PET/poly e armazenadas até 21 dias a 4 ± 1° C.

## 5.1 QUALIDADES FÍSICO-QUÍMICAS

### 5.1.1 Cor Munsell

#### 5.1.1.1 Azul

A média geral da tonalidade de Munsell da carne de peru acondicionada em embalagens aeróbicas, em vácuo e em atmosfera modificada diminuiu gradualmente desde o dia da embalagem até ao vigésimo primeiro dia de armazenamento.

As amostras embaladas sob vácuo e armazenadas até 21 dias apresentaram a cor Munsell mais baixa. Resultados semelhantes foram registados por Dushyanthan *et al.* (1997, 2000a, 2000c e 2001b). O ambiente anaeróbico desprovido de $O_2$ O ambiente anaeróbico desprovido de substâncias que impedem a formação de cor vermelha foi distinguido nas amostras embaladas a vácuo.

A análise de variância revelou diferenças altamente significativas ($P<0,01$) entre os métodos de embalagem e entre os períodos de armazenamento, respetivamente. Estes resultados coincidiram com os resultados de Narendra Babu *et al.* (2002), Sekar (2003) e Jayanthi (2003).

A média da tonalidade de Munsell das amostras embaladas em atmosfera modificada aumentou do dia da embalagem até ao sétimo dia e depois diminuiu até ao vigésimo primeiro dia. As conclusões de Narendra Babu *et al.* (2002), Sekar (2003) e Jayanthi (2003) concordam com os resultados acima referidos.

A média mais elevada da tonalidade de Munsell foi registada em amostras embaladas em atmosfera modificada e armazenadas até ao terceiro dia. Resultados idênticos foram proclamados por Narendra Babu *et al.* (2002), Sekar (2003) e Jayanthi (2003).

A razão pela qual a tonalidade Munsell das amostras embaladas em MAP se manteve constante até ao sétimo dia de armazenagem pode ser imputada ao facto de a cor vermelha da amostra se ter mantido até ao sétimo dia devido à elevada concentração de oxigénio. Resultados correspondentes foram registados por Smith (1991), Narendra Babu *et al.* (2002) e Sekar (2003).

Nas amostras acondicionadas em método aeróbio, a cor vermelha não pôde ser mantida ao longo dos períodos de armazenagem devido ao consumo de oxigénio residual e à conversão deste em dióxido de carbono pelas mitocôndrias musculares, como refere Baltzer (1969).

#### 5.1.1.2 Valor

Os valores médios da cor de Munsell da amostra embalada em método aeróbio aumentaram até ao terceiro dia de armazenamento e depois diminuíram gradualmente até ao vigésimo primeiro dia. Os valores médios da cor de Munsell das amostras embaladas sob vácuo diminuíram desde o dia da embalagem até ao vigésimo primeiro dia de armazenagem.

O valor médio da cor Munsell das amostras embaladas em atmosfera modificada aumentou até ao sétimo dia e depois diminuiu até ao vigésimo primeiro dia de armazenamento. Resultados semelhantes foram registados por Narendra Babu *et al.* (2002), Sekar (2003) e Jayanthi (2003).

O valor médio geral da cor Munsell das amostras embaladas em atmosfera modificada foi superior ao das amostras embaladas em aeróbica e vácuo, devido à maior concentração de oxigénio presente nas amostras MAP. Esta constatação está de acordo com os resultados de Narendra Babu *et al.* (2002) e Sekar (2003).

Foram observadas diferenças altamente significativas ($P<0,01$) entre os métodos de acondicionamento e os períodos de armazenamento, respetivamente. Estes resultados estão de acordo com os relatórios publicados por Narendra Babu *et al.*(2002) e Sekar (2003)

A interação entre os métodos de acondicionamento e os períodos de armazenamento revelou uma diferença significativa (P<0,05).

O valor médio mais elevado de cor Munsell foi registado nas amostras embaladas em atmosfera modificada e armazenadas até ao sétimo dia. Resultados semelhantes a este foram registados por Insausti *et al.* (2001) e Sekar (2003).

O valor de cor Munsell das amostras embaladas sob vácuo e armazenadas até 21 dias foi o mais baixo, o que se deveu à ausência de oxigénio na embalagem e ao período de armazenamento prolongado. Resultados concordantes foram registados por Dushyanthan *et al.* (2000a, 2001b).

### 5.1.1.3 Croma

A cor-croma Munsell média das amostras acondicionadas nos métodos aeróbio e de vácuo diminuiu gradualmente desde o dia do acondicionamento até ao vigésimo primeiro dia de armazenagem.

A cor-croma Munsell média das amostras acondicionadas em atmosfera modificada aumentou desde o dia do acondicionamento até ao sétimo dia, diminuindo depois gradualmente até ao vigésimo primeiro dia de armazenagem.

A análise de variância da cor-croma Munsell entre os métodos de embalagem e entre os períodos de armazenamento mostrou uma diferença altamente significativa (P<0,01), respetivamente. Estas constatações estão em consonância com as constatações de Narendra Babu *et al.* (2002) e Sekar (2003) e Jayanthi (2003).

A cor geral do croma de Munsell das amostras embaladas em atmosfera modificada foi significativamente (P<0,01) mais elevada entre os três métodos de embalagem, indicando a presença de uma maior concentração de oxigénio nas amostras MAP. Achados semelhantes foram registados por Narendra Babu *et al.* (2002), Sekar (2003) e Jayanthi (2003).

A cor-croma Munsell foi a mais baixa nas amostras embaladas sob vácuo e armazenadas até 21 dias de armazenamento, o que se deve novamente à atmosfera anaeróbica e aos períodos prolongados de armazenamento. Resultados correspondentes foram registados por Dushyanthan *et al.* (1997, 2000a).

### 5.1.2 pH

O pH médio da carne fresca de peru foi congruente com as conclusões de Riaz Ahmed *et al.* (1990), Ahn *et al.* (1998) e Roberson *et al.* (2003).

A queda do pH foi registada inicialmente até 3 dias de armazenagem no caso das amostras embaladas aerobicamente e em vácuo e até 7 dias de armazenagem no caso das amostras embaladas em atmosfera modificada. O pH aumentou gradualmente até ao vigésimo primeiro dia de armazenagem em todos os métodos de acondicionamento. Esta constatação está em consonância com as conclusões de Narendra Babu *et al.* (2002) e Sekar (2003). A descida inicial do pH é uma consequência normal post-mortem, devido à glicólise post-mortem e à subsequente acumulação de ácido lático.

Na análise de variância entre os períodos de armazenamento, foi observada uma diferença significativa ($P<0,01$). Entre os três métodos de embalagem, o pH mais baixo foi observado nas amostras embaladas a vácuo desde o dia da embalagem até ao fim do período de armazenamento do presente estudo. Uma inferência mais ou menos semelhante foi indicada por Dushyanthan *et al* (1997, 2000a e 2000b) e isto poderia ser atribuído ao ambiente anaeróbico na carne embalada em vácuo, bem como ao aumento do período de armazenamento.

Um pH mais baixo evidenciado na carne de peru embalada em atmosfera modificada do que na carne embalada aerobicamente deve-se à presença de $CO_2$, que poderia reduzir o pH por dissolução na superfície da carne fresca. Esta constatação está de acordo com a de Narendra Babu *et al.* (2002).

Foi observado um aumento notável do pH na carne de peru embalada aerobicamente, o que pode ser atribuído à possibilidade de deterioração (Mano *et al.*, 2000).

### 5.1.3 Capacidade de retenção de água

A capacidade média de retenção de água das amostras embaladas em métodos aeróbicos, de vácuo e de atmosfera modificada diminuiu desde o dia da embalagem até ao vigésimo primeiro dia de armazenamento. Esta constatação foi concomitante com a de Honikel *et al.* (1981), Narendra Babu *et al.* (2002) e Jayanthi (2003).

A carne de peru embalada em atmosfera modificada e armazenada até 3 dias apresentou o WHC mais elevado. O WHC mais baixo foi observado nas amostras embaladas sob vácuo e armazenadas até ao vigésimo primeiro dia. Estes resultados estão de acordo com os resultados de Dushyanthan *et al.* (1997, 2000c, 2001b).

O WHC médio das amostras embaladas em atmosfera modificada aumentou até ao terceiro dia de armazenamento e depois diminuiu até ao vigésimo primeiro dia. Um resultado concordante foi registado por Narendra Babu *et al.* (2002).

Houve diferenças altamente significativas ($P<0,01$) entre os métodos de embalagem e entre os períodos de armazenamento, respetivamente (Narendra Babu *et al.* 2002) e uma diferença significativa ($P<0,05$) entre a interação dos métodos de embalagem e os períodos. Estes resultados estão de acordo com os de Jayanthi (2003), que revelou que as amostras MAP tinham o WHC mais elevado do que as amostras aeróbicas e embaladas a vácuo.

### 5.1.4 Extrair o volume de libertação

O VRE médio das amostras de peru fresco estava de acordo com as conclusões de Riaz Ahmed *et al.* (1990).

O VRE médio das amostras embaladas em atmosfera aeróbica, vácuo e modificada diminuiu gradualmente desde o dia da embalagem até ao vigésimo primeiro dia de armazenamento. O VRE mais elevado foi registado no dia da embalagem. Esta constatação está de acordo com a de Chakradhar Das *et al.* (1988), Riaz Ahmed (1990) e Dushyanthan *et al.* (2000d, 2001a).

Observam-se diferenças altamente significativas (P<0,01) entre os métodos de embalagem e entre os períodos de armazenamento, respetivamente. A influência altamente significativa (P<0,01) entre os períodos de armazenamento de carne de vaca cara embalada a 5±2°C revelada por Chakradhar Das *et al.* (1988) foi correspondente a esta descoberta.

A carne de peru embalada sob vácuo registou o VRE mais elevado. O ambiente anaeróbio provocado pelo método de vácuo e a propriedade de barreira do material PET/polietileno ao $O_2$ e ao vapor de água resultaram no VRE mais elevado. Este resultado está em conformidade com o de Dushyanthan *et al.* (2000b, 2000d e 2001a).

### 5.1.5 Número de ácido tiobarbitúrico

O número médio de TBA da carne fresca de peru estava de acordo com Riaz Ahmed *et al.* (1990).

O número médio de TBA das amostras embaladas nos métodos aeróbio, vácuo e atmosfera modificada aumentou gradualmente desde o dia da embalagem até ao vigésimo primeiro dia de armazenamento. Este resultado está de acordo com os resultados de Chakradhar Das *et al.* (1988) e Kim *et al.* (2002). O número mais elevado de TBA foi registado no vigésimo primeiro dia de armazenamento. Resultados semelhantes foram indicados por Riaz Ahmed *et al.* (1990), Dushyanthan *et al.* (2000b, 2000d e 2001a) e Narendra Babu *et al.* (2002).

O teor de gordura e a composição dos ácidos gordos nas gorduras das carnes determinam o desenvolvimento da oxidação da gordura durante a armazenagem. A carne de peru tem um teor de gordura mais baixo, com uma proporção mais elevada de ácidos gordos insaturados e, por conseguinte, é mais suscetível a alterações oxidativas, o que se traduziu num número elevado de TBA durante a armazenagem prolongada. A análise de variância entre os métodos de acondicionamento, os períodos de armazenamento e a interação entre os métodos de acondicionamento e os períodos de armazenamento revelou diferenças altamente significativas ($P<0,01$). A carne de peru embalada em atmosfera modificada apresentou um número de TBA mais elevado.

A carne de peru embalada em atmosfera modificada e armazenada até 21 dias adquiriu o número mais elevado de TBA. Este resultado está de acordo com as conclusões de Narendra Babu *et al.* (2002).

A carne de peru embalada sob vácuo apresentou o número mais baixo de TBA. O ambiente anaeróbico sob vácuo evitou alterações oxidativas nos ácidos gordos insaturados e no colesterol da carne de peru. Resultados congruentes foram registados por Dushyanthan *et al.* (2000b, 2000d e 2001a) e Nam *et al.* (2001), Kim *et al.* (2002)

### 5.1.6 Valor da tirosina

O valor médio de tirosina das amostras embaladas em atmosfera aeróbica, vácuo e modificada aumentou gradualmente desde o dia da embalagem até ao vigésimo primeiro dia de armazenamento. Resultados correspondentes foram registados por Narendra Babu *et al.* (2001). O aumento do período de armazenagem conduziu a um aumento da degradação das proteínas e, por conseguinte, observou-se um aumento do valor da tirosina. Resultados semelhantes foram obtidos por Riaz Ahmed *et al.* (1990), que encontraram um aumento do valor de tirosina na carne de peru fresca e armazenada a $5\pm1°$ C.

Verificaram-se diferenças significativas ($P<0,05$) entre os métodos de embalagem e entre os períodos de armazenamento. A carne de peru embalada em atmosfera modificada e armazenada até 3 dias apresentou o valor mais baixo de tirosina. Narendra Babu *et al.* (2001) registaram resultados semelhantes.

A carne de peru embalada sob vácuo registou um valor mais baixo de tirosina do que a carne embalada aerobicamente. Este facto pode ser atribuído à atmosfera anaeróbia e à propriedade de barreira do material PET/poli ao oxigénio e ao vapor de água, que provocam uma taxa de proteólise mais baixa na carne de peru embalada sob vácuo e no material PET/poli. Dushyanthan *et al.* (2000d e 2001a) apresentaram resultados concordantes em carne de porco e de carneiro, respetivamente, embalada sob vácuo e em material PET/poli.

### 5.1.7 Perda por gotejamento

Os valores médios de perda por gotejamento das amostras embaladas nos métodos aeróbico, vácuo e atmosfera modificada aumentaram gradualmente desde o dia da embalagem até o vigésimo primeiro dia de armazenamento. Os achados de Payne *et al.* (1998) e Sekar (2003) corroboram com este resultado.

A análise de variância entre os métodos de embalagem e os períodos de armazenamento revelou diferenças altamente significativas ($P<0,01$). Estas conclusões foram mais ou menos concordantes com os resultados registados por Sekar (2003).

A carne de peru embalada sob vácuo e armazenada até 21 dias manifestou a maior perda por gotejamento. Este resultado foi congruente com os resultados de Rousset e Renerre (1991) e Sekar (2003). O aumento da perda por gotejamento na carne de peru embalada a vácuo pode ser atribuído à compressão da carne associada à embalagem a vácuo, conforme relatado por Payne *et al.* (1998).

A menor perda por gotejamento distinguida na carne de peru MAP pode ser atribuída à pressão do gás do espaço de cabeça mantida no MAP, como confirmado pelos relatórios de Daniels *et al.* (1985).

# CAPÍTULO - VI

## RESUMO

Foi estudado o efeito da embalagem em atmosfera modificada na qualidade da carne de peru. Os parâmetros físico-químicos, ou seja, cor Munsell, pH, WHC, ERV, número de TBA, valor de tirosina, gotejamento, pontuação de odor e qualidades microbiológicas, ou seja, contagens totais viáveis e anaeróbias da carne de peru embalada em atmosfera aeróbica, vácuo e modificada (80% $O_2$ + 20% $CO_2$), armazenada a 4 ± 1°C até 21 dias, foram analisados estatisticamente e discutidos.

A cor, o valor e o croma de Munsell das amostras embaladas em atmosfera modificada aumentaram até ao terceiro dia, diminuindo depois até ao vigésimo primeiro dia de armazenagem. A cor, o valor e o croma de Munsell das amostras embaladas em atmosfera aeróbica e em vácuo diminuíram progressivamente durante a armazenagem.

Os valores mais elevados de cor, matiz e croma de Munsell foram detectados em amostras embaladas em atmosfera modificada e armazenadas até ao terceiro dia e os valores mais baixos de cor, matiz e croma de Munsell em amostras embaladas ao vácuo e armazenadas até ao vigésimo primeiro dia.

Foi reconhecida uma diferença altamente significativa ($P<0,01$) entre os métodos de acondicionamento e entre os períodos de armazenamento, respetivamente.

O pH diminuiu até ao terceiro dia de armazenagem no caso das amostras aeróbicas e embaladas em vácuo e até ao sétimo dia de armazenagem no caso das amostras MAP. O pH aumentou depois até ao vigésimo primeiro dia de armazenagem em todos os métodos de acondicionamento. O pH mais baixo foi obtido nas amostras acondicionadas em vácuo e o mais alto nas amostras acondicionadas em atmosfera modificada.

A média geral de WHC, ERV e odor diminuiu, enquanto a média geral do número de TBA e o valor de tirosina aumentaram com o armazenamento prolongado.

O WHC médio das amostras embaladas em atmosfera modificada aumentou até ao terceiro dia e depois diminuiu até ao vigésimo primeiro dia de armazenamento. As amostras embaladas sob atmosfera modificada e armazenadas até três dias adquiriram o WHC mais elevado, enquanto as embaladas sob vácuo e armazenadas até vinte e um dias obtiveram o WHC mais baixo.

Obtiveram-se diferenças altamente significativas ($P<0,01$) na cor, valor e croma Munsell, WHC, ERV, número de TBA, diferenças significativas ($P<0,05$) no valor de tirosina e contagem de anaeróbios das amostras na análise de variância entre os métodos de acondicionamento.

Foram detectadas diferenças altamente significativas ($P<0,01$) na cor, valor e croma Munsell, pH, WHC, ERV, número de TBA, e uma diferença significativa ($P<0,05$) no valor de tirosina das amostras na análise de variância entre os períodos de armazenamento.

Foram observadas diferenças altamente significativas ($P<0,01$) no número de TBA e na perda por gotejamento e diferenças significativas ($P<0,05$) no valor de cor Munsell e no WHC das amostras na interação entre os métodos de embalagem e os períodos de armazenamento.

A carne de peru embalada sob vácuo apresentou os valores mais elevados de ERV, gotejamento e odor e o valor mais baixo de TBA.

A carne de peru embalada sob MAP e armazenada até vinte e um dias adquiriu o maior número de TBA e a menor pontuação de odor.

Os valores mais baixos de tirosina e de perda por gotejamento foram registados nas amostras embaladas em atmosfera modificada e armazenadas até ao terceiro dia.

Concluiu-se que a carne de peru embalada em atmosfera modificada apresentou uma cor desejável, WHC, ERV, valor de tirosina e gotejamento. Mas a pontuação de odor das amostras embaladas em atmosfera modificada foi a mais baixa. A carne de peru acondicionada em vácuo apresentou um VRE e um número de TBA preferíveis.

Com base na qualidade de conservação, a carne de peru manteve-se bem até vinte e um dias de armazenamento em embalagens de atmosfera modificada com 80 por cento $\boldsymbol{O_2}$ + 20 por cento $C\boldsymbol{O_2}$ e sob vácuo em bolsas PET/poliéster a 4 $\pm$ 1° C. Mas, em comparação, a carne de peru embalada no vácuo revelou-se melhor e, por conseguinte, pode ser decidida como o melhor método de armazenamento da carne de peru a 4 $\pm$ 1° C até vinte dias.

# REFERÊNCIAS

Ahn, D.U., D.G.Olson, C. Jo, X.Chen, C.Wu e J.I. Lee, 1998. Effect of muscle type, packaging and irradiation on lipid oxidation, volatile production and colour in raw pork patties. *Meat Sci.,* **49**: 37-39.

Ahn, D.U. e A.J.Meeurer, 1990. Cor da carne de aves de capoeira: pH e a reação de formação do complexo heme. *Poult. Sci.*, **69**: 2040-2050.

Ahvenainen, R., 1989. Gas packaging of chilled meat products and ready to eat foods, pp 3-68. Centro de Investigação Técnica da Finlândia, Publicações, 58.

Ahvenainen, R., 1990. MAP de refeições cozinhadas e curadas e refeições prontas. Actas da Conferência Internacional sobre Embalagem em Atmosfera Modificada. Stratford - upon - Avon. Inglaterra **15**: 17.10. 1990. Associação de investigação sobre alimentos e bebidas de Campden.

Ahvenainen, R., E.Skytta e R.L.Kivikataja, 1990. Influência da embalagem em atmosfera modificada na qualidade de determinados alimentos prontos a comer. *Lebensm - Wiss-U-Technology,* **23**: 139-148.

Ahvenainen, R. e S. Lindroth, 1986. Embalagem a gás de géneros alimentícios. Revisão da literatura. Espoo 1986. Centro de Investigação Técnica da Finlândia, Notas de Investigação 591, 93 pp. Citado por Ahvenainen, R., 1989.

Associação Americana de Saúde Pública, 1984. Compêndio de métodos para o exame microbiológico de alimentos. (Ed) M.L. Speck. Associação Americana de Saúde Pública, Washington, D.C.

Arafa, A.S. e T.C.Chen, 1976. Caraterísticas de qualidade de produtos de frango de conveniência em relação à embalagem e armazenamento. *J. Food Sci.*, **41**: 18-22.

Baltzer,J., 1969. A relação entre a contaminação e o crescimento bacteriano nas carnes e a qualidade dos produtos cárneos. *Proc. Conf. Meat Conf.,* **22:**294. Citado por Seideman, S.C e P.R. Durland, 1984.

Barbut, S. e Mittal, G.S, 1993. Efeitos do pH nas propriedades físicas da carne de peru branca e escura. *Poult Sci.,* **72(8)**: 1557-1565.

Bianchi, M. e D.L.Fletchert, 2002. Efeitos da espessura e do fundo da carne do peito de frango nas medições de cor. *Poult. Sci.*, **81**: 1766-1769.

Chakradhar Das, C.V.Govindarajan, M.P.Arumugam e P.Kuttinarayanan, 1988. Effect of different packaging materials on keeping quality parameters of Kara beef. *Kerala Vety. Sci.*, **19**: 83-88.

Church, I.J e A.L.Parsons, 1995. Tecnologia de embalagem em atmosfera modificada. A review *J. Sci. Food Agric.,* **67**: 143-152.

Crandall, A.D., e T.J. Montiville, 1993. Inibição do crescimento e da toxigénese *do clostridium botulinum* num sistema modelo de molho por coinoculação com bactérias produtoras de ácido lático. *J. Food. Prot.* **56**: 485.

Daniels, J.A., R.Krishnamurthi e S.S.H.Rizvi, 1985. Uma revisão dos efeitos do dióxido de carbono no crescimento microbiano e na qualidade dos alimentos. *J. Food Prot.,* **48**: 532-537.

Daun, H., M.Solberg, W.Franke e S.Gilbert, 1971. Effect of oxygen-enriched atmospheres on storage quality of packaged fresh meat (Efeito de atmosferas enriquecidas com oxigénio na qualidade de armazenamento de carne fresca embalada). *J. Food Sci.,* **36**: 1011-1014.

Dushyanthan, K., V. Venkataramanujam e A.M. Shanmugam, 1997. The effect of vacuum packaging on certain physical qualities of beef in different packaging material. *Cherion.* **26**: 16-21.

Dushyanthan, K., A.M.Shanmugam e V.Venkataramanujam, 2000a. Effect o packaging methods, materials and storage temperatures on physical qualities of mutton. *Indian Journal of small ruminants.* **6**(1) : 29-35.

Dushyanthan, K., V.Venkataramanujam e A.M.Shanmugam, 2000b. Effect of vacuum packaging on the chemical and microbial qualities of beef during storage. *J. Food Sci. Technol.,* **37** : 33-38.

Dushyanthan, K.,V.Venkataramanujam e A.M.Shanmugam, 2000c. Effect of packaging materials, methods and storage condition on certain physical qualities of pork. *J. Food Sci., Tech.,* **37**: 39-44.

Dushyanthan, K., V. Venkataramanujam e A.M. Shanmugam, 2000d. Effect of packaging materials, methods and storage conditions on certain chemical qualities of pork. *Cherion.* **29**: 142-144.

Dushyanthan, K., A.M.Shanmugam e V.Venkataramanujam, 2001a. Influence of vacuum packaging on certain chemical qualities of mutton. *Indian J. of Anim sci.,* **71** (6): 573 -576.

Dushyanthan, K., V.Venkataramanujam e A.M.Shanmugam, 2001b. The effect of vacuum packaging on certain physical qualities of buffalo Beef in Different packaging material. *Buffalo J.,* **1:** 25 -35.

FAO Quarterly bulletin of statistics, 2001.

FAO, Stat., 2004. Organização das Nações Unidas para a Alimentação e a Agricultura. Base de dados FAOSTAT.

Fletcher, D.L., 1999. Poultry Meat colour. Páginas 159-175. Poultry meat science Poultry Science symposium series. Vol.25. R.I. Richordson e G.C. Mead, ed. CABI Pub. Oxon. Ox, UK Froming, G.W.W 1995. Colour of poultry meat. *Poult. Avian Biol. Rev.* **6**: 83-93.

Fletcher, D.L., 1989. Factores que influenciam a pigmentação em aves de capoeira. *Crit. Rev. Poult. Biol.* **2:** 149-170.

Fletcher, D.L., 2002. Poultry meat quality (Qualidade da carne de aves de capoeira). *World's Poult. Science Journal*. **58:** 131-145.

Froning, G.W. 1995, Colour of poultry meat (Cor da carne de aves de capoeira). *Poult. Avian. Biol. Rev.* **6**: 83-93.

Gardner, G.A., A.W.Carson, e J.Patlon, 1967. Bacteriology of prepackaged pork with reference to the gas composition within the pack. *J. Appl. Bacteriol*. **30:** 321.

Gatellier, P., C.Hamelin, Y.Durand e M.Renerre, 2001. Effect of a dietary vitamin E supplementation on colour stability and lipid oxidation of air and modified atmosphere packaged beef. *Meat Sci.,* **59**: 133-140.

Georgala, D.L. e C.M.Davidson, 1970. Food package. Brit. Pat. 1, 199, 998 Citado por Hanna, M.O., C.Vanderzant, G.C.Smith e J.W.Savell, 1981. Embalagem de bifes de lombo de vaca em 75 por cento $O_2$ + 25 por cento $CO_2$ II propriedades microbiológicas *J. Food Prot.,* **44**: 928.

Gill, C.O., 1996. Prolongamento do tempo de armazenamento de carne crua refrigerada. *Meat Sci.*, **43**: 99-109.

Gill, C.O. e N. Penney, 1988. The effect of the initial gas volume to meat weight ratio on the storage life of chilled beef Packaged under carbon-dioxide. *Meat Sci.*, **22** (1): 53 -63.

Gill, C.O. e R.G.Newton, 1978: The ecology of bacterial spoilage of fresh meat at chill temperatures. *Meat Sci.,* **2:** 207. Citado por Wolfe, 1980.

Gill, C.O. e T. Jones, 1996. O tempo de exposição das costeletas de porco embaladas para venda a retalho após a sua armazenagem em embalagens principais sob atmosfera de $N_2$ , $CO_2$ ou $O_2$ + $CO_2$ . *Meat. Sci.*, **42**: 203-213.

Grau, F. e R. Hamm, 1953. Citado por R.Hamm, 1960.

Haas, M.C. e L.J.Bratzler, 1965. Determinação das taxas de oxigenação da myglobin em carne de porco, vaca e borrego por colorimetria de munsell e reflectância. *J. Food Sci.*, **30**:64.

Hahn, G., M.Malenica, M.D.Mueller e E.Taubert, 2001. Carne do peito de peru, glicólise post-mortem e propriedades tecnológicas. *Mitteilungsblatt-der-Bundesanstalt- fuer-fleischforshung-kulmbach.* **40**: 135-141. (Abs)

Hall, L.C., G.C.Smith, C.W.Dill, Z.L.Carpenter e C.Vanderzant, 1980. Physical and sensory characteristics of pork loins stored in Vacuum or Modified Atmosphere packages. *J. Food Prot.*, **43** : 272-276.

Hamm, R., 1960. Bioquímica da hidratação da carne. *Adv.Food Res,* **10** : 355.

Honikel, K.O., C.Fischer, A.Hamid e R.Hamm, 1981. Influence of postmortem changes in bovine muscle on the water holding capacity of beef: Armazenamento post-mortem de músculo a 20° C. *J. Food Sci.,* **46** : 1- 6.

Hotchkiss, J.H., 1989. Abordagens experimentais para determinar a segurança das embalagens de alimentos em atmosferas modificadas. *Food. Technol.*, **42**: 55, 60-62, 64.

Hotchkiss, J.H. e D.E.Galloway, 1989. Advances in and aspects of modified atmosphere packaging in fresh Red Meats, Reciprocal Meat conference proceedings. **42**: 31-40

ICMSF, 1974. International Commission on Microbiogical Specifications for Foods, citado por Harrigan, W.F. e M.E.Mc Cance, 1976.

Insausti, K., M.J.Beriain, A.Purroy, P.Alberti, C.Gorraiz e M.J. Alzueta, 2001. Shelflife of beef from local Spanish cattle breeds stored under modified atmosphere. *Meat Sci.,* **57:** 273-281.

Jagadeesh Babu, N.G., M.Sreenivas Reddy, G.Ramakrishna Reddy, e M.Satyanarayana Chetty, 1998. Influência de diferentes materiais de embalagem no volume de libertação do extrato, no azoto volátil total e na qualidade microbiana do carneiro. *Indian J. Anim. Sci.,* **68** (9): 982-984.

Jayanthi, D., 2003. Effect of modified atmosphere packaging on physico-chemical and microbial qualities of Chevon (Efeito da embalagem em atmosfera modificada nas qualidades físico-químicas e microbianas do Chevon). Tese de mestrado apresentada à Universidade de Ciências Veterinárias e Animais de Tamil Nadu, Chennai.

Kim, Y.H., K.C.Nam e D.U.Ahn, 2002. Perfis voláteis, oxidação lipídica e caraterísticas sensoriais da carne irradiada de diferentes espécies animais. *Meat Sci.*, **61**: 257-265.

Lawrie, R.A., 1980. Developments in meat science-1 Applied Science Publisher, Londres. P.220

Ledward, D.A., 1970. Methmyoglobin formation in beef stored in carbondioxide enriched and oxygen depleted atmospheres. *J. Food Sci.*, **35**: 33.

Lee, B., Simard, C. Laleye e R. Holley, 1984. Shelf-life of meat loaves packaged in vacuum or nitrogen gas 2. Effect of storage temperature, light and time on physicochemical and sensory changes. *J Food. Protect.,* **47** : 134-139.

Lesiak, M.T., D.G.Olson, C.A.Lesiak e D.U.Ahn, 1997. Effects of postmortem time before chilling temperatures on water holding capacity and texture of turkey brease muscle. *Poult. Sci.,* **76**: 552-556.

Liu, Y., B.G.Lyon, W.R.Windham, C.E.Lyon e E.M.Sacage, 2004. Análise de componentes principais das caraterísticas físicas, de cor e sensoriais de peitos de frango desossados duas, quatro, seis e vinte e quatro horas após a morte. *Poult. Sci.*, **83**: 101-108.

Luno,M. P.Roncales, D.Djenane e J.A.Beltran, 2000. Prazo de validade da carne de bovino em atmosferas de baixo $O_2$ e alto $CO_2$ contendo diferentes concentrações baixas de CO. *Meat Sci.,* **55**: 413-419.

Mano, S.B., J.A. Ordonez e G.D.Garcia de Fernando, 2000. Crescimento/sobrevivência da flora natural e Aeromonas hydrophilia em carne de porco crua refrigerada e peru embalado em atmosferas modificadas. *Microbiologia alimentar,* **17** :657-669.

Manu-Tawiah, W., L.L.Ammann, J.G.Sebranek e R.A. Molins, 1991. Prolongamento da estabilidade da cor e do prazo de validade da carne fresca. *Food Technol,* **45**: 94-102.

McKee, S.R. e Sams, A.R. 1997. The effect of seasonal heat stress on rigor development and the incidence of pale, exudative turkey meat. Poult. *Sci.,* **76**: 1616-1620.

Millar, S., R. Wilson, B.W.Moss e D.A. Ledward, 1994. Oxymyoglobin formation in meat and Poultry. *Meat. Sci.*, **36**: 397-406.

Mills, F. e M.C. Urbin, 1960. Packaging, in Science of Meat and Meat Products. AMIF, pp.373 - 388. W.H. Freeman and Company, Londres.

Nam, K.C. e D.U.Ahn, 2003. Combinação de embalagem aeróbica e a vácuo para controlar a oxidação lipídica e os voláteis de odor desagradável do peito de peru cru irradiado. *Meat Sci.*, **63**: 389-395.

Nam, K.C., M.Du, C.Jo e D.U.Ahn, 2001. Produtos de oxidação do colesterol em carne crua irradiada com diferentes embalagens e tempos de armazenamento. *Meat Sci.*, **58**: 431-435.

Nam, K.C. e D.U. Ahn, 2002. Efeito da embalagem dupla e da combinação de ácidos na qualidade dos hambúrgueres de peru cru irradiados. *Food Chemistry and Toxicology*. **67**: 3252-3257.

Narasimha Rao, D. e V.Sreenivasamurthy, 1986. A priminary study of the effect of urea in the preservation of meat. *Meat Sci.,* **17**: 251-265

Narendra Babu, R., V.Venkataramanujam e A.M.Shanmugam, 2002. Effect of Modified Atmosphere packaging on Fresh Buffalo meat quality (Efeito da embalagem em atmosfera modificada na qualidade da carne fresca de búfalo). *Buffalo J. 2*: 171 -182.

Northcutt, J.K., E.A.Foegeding e F.W.Edens, 1994. Water holding properties of thermally preconditional chicken breast and leg meat. *Poult. Sci.*, **73**: 308-316.

Offer, G., 1991. Modelação da formação de carne pálida de excidados moles; Efeitos do regime de refrigeração e da taxa e glicólise alargada. *Meat Sci.,* **30**: 157-184.

Okayama, T., M. Muguruma, S.Murakami e H.Yamada , 1995. Estudos sobre a embalagem em atmosfera modificada de carne de vaca cortada em fatias finas. I. Efeito de dois sistemas de embalagem em atmosfera modificada no valor do pH, crescimento microbiano, formação de metamioglobina e oxidação lipídica desta carne de vaca fatiada. *Jornal da Sociedade Japonesa de Ciência e Tecnologia Alimentar (Nippon Shokuhin Kogyo Gakkaishi)* **42(7)**: 498 - 504. Citado em FSTA (2S74), **28**(2): 230.

Payne, S.R., C.J.Durhan, S.M.Scott e C.E.Devine, 1998. The effects of non-vacuum packaging systems on drip loss from chilled beef. *Meat Sci.,* **49** : 277-287.

Pearson, D., 1967. Assessing beef acceptability. *Food manufacture,* novembro, 42-43.

Pearson, D., 1968. Avaliação da frescura da carne no controlo de qualidade através de técnicas químicas: Uma revisão. *J.Sci.Fd.Agric.*, **19** : 357 -362.

Pearson, D., 1973. Laboratory techniques in food analysis. Butter worths, Londres.

Petracci, M. e D.L.Fletchert, 2002. Mudanças na cor da pele e da carne de frangos de corte durante o armazenamento. *Poult Sci.,* **81** : 1589-1597.

Pexara, E. S., J. Metaxopoulos e E.H.Drosinos, 2002. Evaluation of shelf life of cured, cooked, sliced turkey fillets and cooked pork sausages -'piroski' - stored under vacuum and modified atmospheres at +4 and +10° C. *Meat Sci.,* **62**: 33-43.

Pierson, M.D., D.L.Collins-Thompson e Z.J.Ordal, 1970. Microbiological, sensory and pigment changes of aerobically and anaerobically packaged beef. *Food Technol,* **24** : 1171.

Prabkara Reddy, K., 1990. Effect of age, sex and source of muscle on qualitative characteristics of stored duck carcasses. *Cheiron.* **19:**(1) : 20 - 28.

Quintavalla, S. e L. Vicini, 2002. Embalagem antimicrobiana de alimentos na indústria da carne. *Meat Sci.*, **62**: 373-380.

Randell, K., R.Ahvenainen, K.Latva-Kala, E.Hurme, T.Mattila-Sandholm, e L. Hyvonen, 1995. Qualidade do peito de frango marinado embalado em atmosfera modificada e da truta arco-íris afetada por fugas na embalagem. *J. Food. Sci.*, **60**: 667-672, 684

Ray, E.E., Y. Olivas, M. Vincent e D. Smith, 1993. Effects of modified atmosphere packaging and types of pouches on product attributes of frozen (IQF) turkey strips. *J. Food. Prot.*, **56**: 626-629.

Regikumar, T.P., K.Narayanan kutty e A. Ramakrishnan, 1993. Formulação e estudos de armazenamento de almôndegas de carne de frango em condições de congelação. *J. Vet.Anim. Sci.,* **22** (2): 57-63.

Riaz-Ahmed, K.T.Radhakrishnan e V.R.Kosalaraman, 1990. Caraterísticas físico-químicas e odor da carne de peru fresca e armazenada. *Indian Veterinary Journal.* **67:** 856-858.

Roberson, K.D., A.P.Rahn, R.J.Balender, M.W.Orth, D.M.Smith, B.L.Booren, A.M. Booren, W.N.Obsurn e R.M.Fulton, 2003. Avaliação do potencial de crescimento, dos componentes da carcaça e das caraterísticas de qualidade da carne de três estirpes comerciais de perus tom. *J. Appl. Poult. Res.* **12** : 229-236.

Rousset, R. e M. Renerre. 1991. Efeito do acondicionamento em CO2 ou vácuo no tempo de conservação de carnes de pH normal e elevado. *Int. J. Food Sci. Technol.,* **26** : 641-652.

Sahoo, J. e A.S.R.Anjaneyulu, 1995. Embalagem de alimentos musculares em atmosfera modificada: Technology, Shelf-life and safety aspects. *Indian Food Industry,* **14**(3): 28 36.

Sahoo, J. e S.P.Verma. 1999. Problemas oxidativos na carne e nos produtos à base de carne e utilização de vitaminas antioxidantes. *J. Food Sci. Technol.,* **36**(6) : 487-499.

Seideman, S.C., C.Vanderzant, G.C.Smith, C.W.Dill e Z.L.Carpenter. 1980. Appearance of beef, pork and lamb stored in vacuum or modified gas atmosphere. *J. Food. Protect.* **43**(4) : 252-258.

Seideman, S.C., e P.R.Durland, 1983.Vacuum packaging of fresh meat. A Review: *J.Food Qual.,* **6**: 211.

Seideman, S.C. e P.R.Durland, 1984. The utilisation of modified gas atmosphere packaging for fresh meat: a review. *J. Food Quality*, **6:** 239 - 252.

Sekar, A., 2003. Effect of modified atmosphere packaging on physico-chemical and structural changes in buffalo meat (Efeito da embalagem em atmosfera modificada nas alterações físico-químicas e estruturais da carne de búfalo). Tese de mestrado apresentada à Universidade de Ciências Veterinárias e Animais de Tamil Nadu, Chennai.

Sheridan, J.J., A.M.Doherty, P.Allen, D.A.McDowell, I.S.Blair e D.Harrington, 1997. The effect of vacuum and modified atmosphere packaging on the shelf life of lamb primals, stored at different temperatures. *Meat Sci.,* **45**(1) : 107-117.

Silvertsvik, M., W.K.Jeksrud e J.T.Rosnes, 2002. A review of modified atmosphere packaging of fish and fishery products - Significance of Microbial growth activities and safety. *Int. J. Food Sci. Technol.*, **37**: 107-127.

Simunovic, J., J.L.Obhinger e J.P. Adams, 1985. Potencial de crescimento de tipos não-protéticos de *Clostridium botulinum* em produtos de carne reestruturada pasteurizados: A review *J.Food* Prot., **48** : 265 -276.

Smith, J.P., B.Simpson e H.Ramaswamy, 1991. Embalagem, parte IV: Embalagem em atmosfera modificada - princípios e aplicações. Em Encyclopaedia of Food Science and Technology. Vol.3(Ed) Y.H. Hui. Uma publicação Wiley - Interscience, John Wiley and Sons, Inc., Nova Iorque. Nova Iorque. pp. 1982 - 1992.

Snedecor, G.W. e W.G.Cochran, 1994. Statistical methods. Oitava edição. Oxford e IBH Publishing Co., Calcutá.

Sorheim, O., H.Nissen e T.Nesbakken, 1999. The storage life of beef and porth packaged in an atmosphere with low carbon monoxide and high carbondioxide. *Meat Sci.,* **52** : 157-164.

Strange, E.D., R.C.Benedict, J.L.Smith e C.E.Swift, 1977. Avaliação de testes rápidos para monitorizar as alterações da qualidade da carne durante a armazenagem. 1. Carne intacta. *J. Food. Protect.,* **40** : 843-847.

Strange, E.D. e R.C. Benedict, 1978. Effect of Post-motem desossing times on beef storage quality. *J.Food Sci.*, **43** : 1652-1655, 1661.

Stringer, W.C., M.F.Bilskie e H.D.Naumann, 1969. Perfis microbianos de carne de vaca fresca. *Food Technol,* **23** : 97.

Taylor, A.A., N.F.Down e B.G.Shaw. 1990. Uma comparação entre a atmosfera modificada e a embalagem a vácuo para o armazenamento de carnes vermelhas. *Int. J. Food Sci. Technology,* **25** : 98-109.

Taylor, A.A e D.B.Mac Dougall, 1973. Fresh beef Packaged in mixture of oxygen and carbondioxide. *J. Food. Technol.*, **8**: 453-461.

Van den Oord, A.H.A. e J.J.Wesdorp, 1971 . Classificação da cor e composição pigmentar da carne de bovino. *J. Food Technol*, **6**: 15.

Vermeiren, L., F.Devlieghere, M.V.Beest, N.D.Kruijf e J.Debevere, 1999. Desenvolvimentos na embalagem ativa de alimentos. *Trends in Food Science and Technology*, **10**: 77-86.

Wilson, N.R.P., E.J.Dyett, R.B.Hughes e C.R.V.Jones, 1981. In Meat and meat products. Factors affecting quality control. Applied Science Publishers, Londres, pp.53-120.

Young, L.L., R.D.Reviere e A.B.Cole, 1988. Carnes vermelhas frescas: Um lugar para aplicar atmosferas modificadas. *Food Technol*, **42** (9): 65-69.

Zhao,Y., J.H.Wells e K.W.McMillin, 1995. Alterações dinâmicas dos gases do headspace em carne fresca embalada com $CO_2$ e $N_2$ . *J. Food Sci.*, **60**:571-575, 591.

MIX
Papier aus verantwortungsvollen Quellen
Paper from responsible sources
FSC® C105338

Printed by Books on Demand GmbH, Norderstedt / Germany